人生沒有平衡，只有取捨

千萬講師、行動力先行者 謝文憲 著

〈專文推薦一〉

取所當取，捨所當捨的精彩人生

王永福

夏天，是我們企業講師這個行業最忙碌的季節，企業年初要做計劃，年底要追進度，在一年的中間，是進行培訓最好的季節。因此，有很多的課程或訓練案，都會安排在這個時間。很多企業講師朋友，也在這個季節忙得不亦樂乎，讓自己整年度的績效，能夠因為這段期間的忙碌而有大幅的成長。但今年夏天，我卻帶著老婆小孩，去澎湖望安小島放了一個月的暑假！每天看著大海，無所事事地過了快一個月的時間。

「真好，可以放一個月的假！」朋友聽到後，總是會投以羡慕的神情！我開心地笑了笑，「放一個月的無薪假！你想要嗎？」因為身為講師，我們要上台講課才有收入。

在最忙的季節安排一個月的假期，不止是跟錢過不去，而且還要推掉許多課程邀約，不小心還得罪了一些原本排定要上課的客戶。就好像一間生意很好的冰店休暑假，或者像一間知名的薑母鴨店放寒假一樣。看起來不像是很正常的決策！這樣子無薪假一個月，您真的想要嗎？

我想要！因為我選擇的不是工作，而是女兒們快樂的神情，還有家人彼此親密的時光。我想主動拿回對時間掌握的權利，在最適合的季節帶著小小朋友們出去過個暑假，也讓自己放空一下。也因為這樣，我願意付出一些必要的代價，來得到更多我想得到的。

憲哥這本新書的書名「人生沒有平衡，只有取捨」，根本就在形容我的價值觀。

在工作上，我從不求平衡展現，只是專注在一個課程，想著把簡報技巧教到最好！在生活上，我專注在某些特別的嗜好，像是 Espresso 咖啡、潛水、煮牛排，在這些領域努力鑽研，想辦法追求極致。在家庭上，我可以為了讓女兒每天看到我，總是在下課後快速趕高鐵回家，並因此推掉所有當天回不了家的邀約。在不同的領域，我追求的不是平衡，而是想辦法取捨，把選擇的東西展現到極致。我知道我自己要什麼，也知道自己不要什麼。在「取」「捨」之間，我慢慢有一些自己的想法。這樣的生活態度，也幫助我在幾個專注的領域，有了一些小小的成果。

經常會有人問我：「如果不追求平衡，又該如何取捨？」因為當您只能聚焦在一些核心，必須做出選擇時，什麼該「取」？什麼又當「捨」？這就是一門大學問了！

如果您也有這個問題，那憲哥的這本書，會教您怎麼做好「取捨」！

書中用了許多真實案例，教您如何在五個不同面向：生活、職場、管理、人際關係以及學習上，做出好的取捨。哪些是可以放棄的？哪些又一定要追求？透過憲哥生動文字的描寫，您可以從這些案例中，知道我們在人生的道路上，會遭遇什麼樣的問題，又應該用怎麼樣的態度，做出不同的人生選擇。像書中〈來不及吹奏的薩克斯風〉，講的就是我好朋友的故事。雖然最後結局令人感傷，但也希望這些取捨的故事，能夠幫助未來在面對類似狀況時，可以不再迷惘，而能選擇更好的人生。

其實「取捨」之間，更重要的是「你想要過什麼樣的人生？」身為憲哥合夥人，我總是能就近看到憲哥擁有許多不同且精彩的經歷！有時候很驚訝，他到底是怎麼做到的啊？也許當您仔細看完這些故事，您也能擁有一個取所當取，捨所當捨、沒有遺憾的精彩人生！

（本文作者為知名簡報教練）

〈專文推薦二〉

懂得進退取捨，不以有限追逐無限

何飛鵬

面對經營管理與人生的各種課題，我常覺得，有些道理如果能早點悟透會更好。可惜人往往非得歷練過些什麼，才能懂得經典名言的深刻道理。

莊子有一句話：「吾生也有涯，而知也無涯。以有涯隨無涯，殆已。」以前讀這句話沒什麼太大感覺，現在看完文憲這本新書《人生沒有平衡，只有取捨》，讓我驚覺，這不就是莊子話語引申的涵義嗎？

這句話翻成白話文是：人的生命有限，知識卻是浩瀚無涯，以有限的人生追尋無限的知識，徒然無功！

我認為，這個「知」字代表的不只是「知識」，還可以替換成許多人生課題，從學問、名聲、金錢、成就、情感、友誼等，都能夠無窮無盡地追求，可惜人生苦短，沒有誰真可以樣樣精通、樣樣皆有，畢竟每個人每天只有二十四小時。

因此，人的一生會有許多面臨選擇的關鍵時間點，該不該放棄熟悉的行業轉行？該不該辭職自行創業？要不要爭取外派或出國工作？每個當下都有該盡的責任、該做的事情，也有現在能力所及、立即能做的事，但人會有所渴望，期待未來達成更多目標，完成更多願望，擁有更多美好事物……

看完文憲的書，我對莊子這句話的體悟更深，因為什麼都想要的結果，是什麼都得不到，反而只是徒勞。人生要進取，希望能夠有所得，不過也別忘記一點，有得也必有失，失去的東西有時是珍貴且無形的，往往一時之間難以察覺。

無論是家庭、工作、夫妻、親子、人際關係，人生無法樣樣皆得，唯有學會取捨，適當的割捨與退讓，懂得選擇什麼是必須緊握手中不可揚棄的核心，才不會在人生的

「得失損益表」上嚴重失衡。

如同文憲在書中說的，「取捨好難，選擇『要』，需要勇氣；選擇『不要』，更需要勇氣」。如何在關鍵時間點做出「對的選擇」，讓我們一起來學習吧！希望看完本書的讀者，也能取捨選擇出自己想要的工作與生活，活出自主的人生。

（本文作者為城邦媒體集團首席執行長）

〈專文推薦三〉

如何面對人生一連串選擇的職場智慧？

許景泰

當你真明白，人生是一連串「取捨」與「選擇」造就你是誰時，你就懂得珍惜你的每一次「抉擇」！

我踏入職場已十二年，二十六歲那年我獲得人生第一份工作，我對未來雖懵懵懂懂，尚無明確方向，但每天勤奮工作，只要醒著就是工作，從沒想過平衡，只怕自己在起跑線輸了別人。我的第二份工作是被人相中挖角的，進入了當時高速成長的網路廣告業。我格外珍惜別人看重我，給我機會，於是更加倍努力，早上坐第一班台北捷運從淡水到台北上班，下班時坐最後一班捷運回家。朋友說我太過拚命不值得，我說值不值得，應對自己所選負責，既然決定，就應當全力以赴！一方面不辜負別人給的機會，另一方面也想了解自己潛能與極限到底在哪？

我對工作好強，也對朋友重義氣。於是在二十八歲那年，朋友創業有難，面臨倒閉，我義氣用事，決定不顧一切，帶著僅有的錢，沒有太多包袱與顧慮，加入朋友的公司成為共同合夥人，展開了我創業的人生。老實說，當時這個決定可能連憲哥常提的「40%的把握」都沒有，但那時年輕就是最大本錢，我的夠義氣讓我踏上了「創業之路」。

當了老闆跟在職場上受雇非常不同，你會遇到更多「取捨」問題，你更難想像哪裡有平衡存在？你渴望獲得的解答與目標，靠的往往不是夠努力就好，還要有「想像力」和「面對挫折的能力」，更多時候還需要一點「運氣」，你才有機會看到「眼所未見之事」，成就別人認為不可能的事業。畢竟，創業是從0到1，再從1到N的事，摸索太久，你的事業會資金燒盡，宣告破產。若遇重大事情猶疑不決，搖擺不定，你的同事、員工可能也會棄你而去。你在工作、家庭、人際關係之間，也很難取得一個最好的平衡，只能期許多以包容和愛度過每一天。

在職場上打滾十多年之後，終於等到憲哥出這本書——《人生沒有平衡，只有取捨》！我一口氣看完，一邊看，一邊回顧自己的職場歷程。書中每一段職場故事，一次又一次觸動我不斷反思曾經做過的抉擇，明智？愚昧？膽怯？勇敢？犯錯？透過憲哥筆下描繪的故事與精闢觀點，相信每一位職場工作者在看完本書後，肯定都有極大的啟發。特別值得一提的是，今年我已認識憲哥三年，無論是他創業、擔任職業講師、作家、主持人，他在每一個角色，都是極盡生命最大的潛能，帶給每一個認識他的人認識最好的自己。他不只很會說，他還以強大的行動力感染周遭每一個人。通過他長期以來的職場專欄文章、生動有料的廣播主持，到現在備受廣大職場人士歡迎的「線上影音課程」，他總能以最敏銳的職場觀察、清晰的思維，不斷將這股積極、向上又富有洞見的力量，持續以各種媒介、內容形式傳播出去。這本書的出版，集合了他多年對職場深刻的思考，我堅信如能仔細閱讀，勢必對我和你在面對人生複雜、各式挑戰與問題時，都能更富有智慧！

（本文作者為 SmartM 世紀智庫執行長）

〈專文推薦四〉

熱情和激勵的背後，是溫柔

許皓宜

結婚以後，我一直都住在台北，但幾年前，我的全職工作仍在台中。那是我剛到台中教育大學任教的第一年，博士班畢業後，教職工作不好找，能擠進公立大學的專業科系任教，對我來說像是天上掉下來的禮物。於是我毫不猶豫地踏進了那個陌生的城市，甚至懷抱著夢想可能有一天全家會為了我的這份工作舉家搬到台中。

事情終究非我所想的那樣，幾經討論，已經習慣了北部生活的家庭，還是以丈夫工作所在地為主，我開始了一連串台北－台中兩地通勤，把高鐵當捷運坐的日子。早先，因為新進教師負有義務行政之責，為了趕每天八點多到校，我大約五點多就起床、準備出門。出門前照例總要摸摸年幼的孩子熟睡的臉龐才捨得離開，誰知有好幾次，孩子在睡夢中睜開眼睛看我，拉住我的手臂問：「媽媽，妳不要去上班好不好？妳陪我。」

我總是為了安撫孩子，差點趕不上高鐵。坐高鐵到台中後，還要騎上二十幾分鐘的機車車程才能抵達學校。前後來來回回三年半的時間，我幾乎沒有一天不在掙扎和疲累中度過。

最後我決定離開專業系所回到台北任教，進入通識教育中心工作。離開專業系所前，很多人勸我要三思，誰知我心裡是帶著對於諮商專業的萬般不捨、卻還是充滿決心地要跨向新的領域。

因為我明白，回到家所在的地方，是我人生最重要的「平衡」。

所以我相當認同憲哥說的這個道理：「人生沒有平衡，只有取捨。」

是的，沒有平衡，只有取捨。或者該說，唯有取捨，才有平衡。

憲哥一直是我的生涯中最景仰的一位「前輩」（雖然他常常不讓我這麼稱呼他）。

眾所皆知，他身上有的是熱情和激勵，但我一直看到憲哥有個隱藏版的面向，就是「溫柔」。

即使他站在講台上說話有時充滿機車，當你靜下來體會，那個惹人熱淚盈眶的背後，就是「謝文憲式的溫柔」，而《人生沒有平衡，只有取捨》這本新作品裡，我看到的就是憲哥的溫柔。

當然，各式表單、九宮格、四象限……在這套書中仍是不可或缺的系統化學習，但都是因為憲哥從一篇篇溫柔的故事著手，接著再提供我們相關議題的做法，這本書才會充滿動人的啟發和後續可行的實作空間。

我對憲哥的敬佩，在這本書後，已經要長到天山去了。誠摯推薦給你們，這個每個人的生命中都不可或缺的議題。

（本文作者為知名諮商心理師）

〈專文推薦五〉

勇敢的，給人生施展整理魔法

貴婦奈奈

喜歡憲哥這本書，就像心理治療或看電影的過程一樣，看著、聽著別人的故事，幾個小時就經歷了好幾個人生。這些主角們用他們的生命故事幫我們換來面對問題、解決問題的智慧，如此大方地給予是何等的恩惠，我邊看邊充滿感謝。

我們一生中（或一天中）要經歷的，不外是生活、學習、職場、人際和管理，我們要處理瑣碎的事務，還要處理各種關係，要愛別人又不能忘記照顧自己，想經營得完美或照顧得面面俱到幾乎不太可能，過於執著便有騎虎難下的壓力，把自己困入迷霧中原地打轉，很難找對方向走出來，導致我們在追求幸福的過程中反而最先犧牲自己的需求

（關係或健康）！

我們渴望幸福，卻過得不幸福，這是多麼大的矛盾啊！仔細反思，在我們追求幸福的過程中到底發生什麼失誤？

你有沒有發現我們的時間不會變多，事情只會越來越多，該做的事以及想做的事雪片般飛來，堆積如山！憲哥嘆：「取捨好難，選擇『要』，需要勇氣；選擇『不要』，更需要勇氣。」就是這麼一回事，說「不」很難，拒絕等於失去，心靈會空一個洞，感覺遺憾，因此我們寧可拚個全身傷、滿頭包，也很少願意主動優雅退出，因為我們不想扛遺憾，那遺憾好像暗示我們做了錯誤的選擇。

你心想，不想遺憾就找個平衡點吧……

就我（這個工作狂）的經驗而言，我自認時間管理手腕很高，工作速度練就手刀般飛快，但我注意到，在這種情況下，即使我成功找到各種角色之間最厲害的平衡點，仍然是個重擔，犧牲的是肝。

認清事實之後必須承認：「就算平衡又怎樣，取捨才是王道！」取捨是需要一點年紀，經歷一些曲折，才能生出決定和勇氣。即使取捨使人遺憾，我還是要分享一個正向的結尾。

所謂的「捨」不見得是完全放棄，它可以是一種排序，現在還不是最必要的就先放下，過一陣子再說吧，也許時間一久，你也不再認為它值得抓在手上，甚至不覺得遺憾了。應付不來的工作是，太勉強的關係也是。

有些可以分給別人的工作，就大方轉介或找人合作吧，成為別人的貴人或夥伴反而有機會把屬於你自己的那塊餅做大，效果更好，效率更高，看起來是捨棄，卻是以退為進。

勇敢的，給自己人生進行一次斷捨離的整理魔法吧，把生活上大小事件全寫成清單，然後帥氣地拿起紅筆一個一個畫掉，你會發現，寫出來已經很解壓，一個一個從大腦清空、重新洗牌後的人生更解壓！

（本文作者為暢銷作家、諮商心理師、門・療育空間創辦人）

〈專文推薦六〉

面對人生，我們都需要取捨的智慧

葉丙成

我們很多人，在學生時代沒出社會之前，關注的焦點多在課業與升學。那樣的生活雖然有許多苦悶，但對大部分人來說，目標似乎很明確，反正周遭的大人都會跟我們說不要想太多，往那個目標衝就對了。於是，許多人就很「安心」地乖乖念書不想其他的事。

直到有一天，我們從學校畢業了、開始工作了，面對一個許多人都汲汲營營的世界，我們開始焦慮了。因為，在我們的面前，有那麼多的路可以走，有那麼多的選擇要做！該選這個薪水高但比較無趣的工作，還是該選那個薪水低但感覺很有挑戰性的工作？該全心在一家公司好好耕耘，還是應該趁年輕多去幾家公司歷練增加經驗？該等比較有錢了再成家，還是應該早點選定人生伴侶一起打拚？

人生突然之間有好多選擇要做，但我們從來沒有被好好教育過該怎麼做選擇！從小到大，念什麼學校、念什麼科系、做什麼科展題目、參加什麼比賽，我們常常都是由爸媽師長幫我們做選擇。而且，我們信任他們會幫我們做「最好的選擇」，所以我們就這樣一路走過來了。如今一出社會，面對這麼多選擇要做，怎麼辦？

更慘的是，以前所依賴的爸媽師長，因為我們出社會後專業跟職場環境，已經不是他們所熟悉的，但他們仍習慣要給我們在他們心中「最好的選擇」。明明我們也知道那不是好選擇，卻得面對來自他們「善意的壓力」。都已經不知道該怎麼選了，還要面對身邊這種種的壓力。內心真是無比的焦慮、徬徨！

這種焦慮跟徬徨，都是因為我們從小到大，很少有機會培養「取捨的智慧」。這樣的智慧如何累積？除了從自己的人生體驗去一點一滴累積外，我們還可以從別人的人生經驗來幫助我們做反思、累積智慧。

憲哥這次的新書，深深刻劃了各行各業夥伴，在面對人生眾多難以取捨的選擇難題時的心路歷程。透過這些真實的人生故事，將自己投射其中，思考如果是自己在那種境地，我們究竟會如何抉擇？如何取捨？這是用五十個人的人生抉擇難題所組成的人生模擬考題，讓我們日後面對類似的真實取捨抉擇時，能夠不再那麼徬徨無措。

期待我們每個人，都能透過憲哥這本書來幫自己累積更多取捨的智慧。日後面對取捨，我們都能更加自在地面對它！

（本文作者為台大電機系教授）

目錄 Contents

〈專文推薦一〉取所當取，捨所當捨的精彩人生／王永福 002
〈專文推薦二〉懂得進退取捨，不以有限追逐無限／何飛鵬 006
〈專文推薦三〉如何面對人生一連串選擇的職場智慧？／許景泰 009
〈專文推薦四〉熱情和激勵的背後，是溫柔／許皓宜 012
〈專文推薦五〉勇敢的，給人生施展整理魔法／貴婦奈奈 015
〈專文推薦六〉面對人生，我們都需要取捨的智慧／葉丙成 018
〈作者序〉十年前不懂，跌跌撞撞才知天命的取捨抉擇 027

第一篇 生活的平衡與取捨 033

1 人生沒有平衡，只有「取捨」 034
2 宅男醫師聽演唱會，只為了太太臨終的一句話 039

3 「人生勝利組」也有缺憾？ 044
4 因為「愛」，讓一切變得可能 049
5 家庭、工作、夫妻、親子，職業婦女的四難局面 055
6 當正向樂觀的人說「不想活了」…… 060
7 如果另一半的工作金錢觀與你不同 065
8 莫忘為誰辛苦、為誰忙 069
9 四碗泡麵拚出的肉圓金氏紀錄 073

第二篇 職場的平衡與取捨 079

10 工作與生活如何平衡？怎麼取捨？ 080
11 中年大叔的進擊 084
12 轉換跑道兩頭空，只有無奈？ 090
13 離職該多久前提出？能讓新公司等多久？ 094

14 「要」很簡單，「不要」需要勇氣 099
15 老鳥菜鳥都該懂的職場規則 103
16 只做喜歡做的事，如何期待領高薪？ 107
17 你真的適合打掉重練嗎？ 111
18 一年的工作重複二十遍，還是真有二十年資歷？ 116
19 年少得志vs.職場第二春 120
20 不追求晉升，也可以是人生勝利組嗎？ 124
21 人生每一段路都不會白走 127
22 年輕人要跟收入、前途過不去嗎？ 131
23 如何找回工作的初心？ 136
第三篇 管理的平衡與取捨 141
24 部屬年紀大、資歷深，主管怎麼當？ 142

25 「與世無爭」沒有錯，「外熱內冷」可調整 147
26 當員工像變心的女朋友 151
27 為什麼員工能力越強，越容易離職？ 156
28 升不上去，是老闆還是自己的問題？ 161
29 天天私聊，就是老闆愛將？ 166
30 老闆機車，你要比他更機車 170
31 主管沒擔當，是誰縱容的？ 175
32 留住員工不靠加薪，靠什麼？ 179
33 如何用人，才能留人？ 183
34 讓自己「不舒服」一點，就是最有效的激勵 188
第四篇 人際關係的平衡與取捨 193
35 人與人信任感的大考驗 194

36 朋友，是在一起不說話也不會尷尬的人 199
37 需要喘口氣時，誰能出手救你？ 204
38 人在江湖走，不能沒有「人際敏感度」 208
39 再難開口的話，也應嘗試說清楚 212
40 職場修練，認真「鬥」就輸了 216
41 加入「小圈圈」前，要先搞懂的一件事 220
42 離職那一刻才明白的事 225
43 你能用溫暖的心對待他人嗎？ 230
44 比追求成功更快樂的事 234
45 競賽場上，難忘的三堂課 238
第五篇 學習的平衡與取捨 245
46 處順境、逆境之道 246

47 管理時間，等於管理專注力 251
48 一個小改變，MARCH 換成 BMW 255
49 「從零開始」的王牌 259
50 什麼都不缺，為什麼還是不快樂？ 263
51 來不及吹奏的薩克斯風 268
52 扭轉高離職率的工作宿命 272
53 旅途中，「談判」也可以很美妙 276
54 像魚一樣思考、前進，享受自由 280
55 寫給二十歲自己的一封信 284
56 在演唱會上，體會復刻的職場價值 288

〈作者序〉
十年前不懂，跌跌撞撞才知天命的取捨抉擇

一大早，身子還沒爬起，拿起手機，點開臉書、滑動LINE、打開信箱，更誇張的還收聽一下五花八門的知識app，看著別人發生的事、聽著別人說的話、點開大多數跟我無關的手機提示，千不該萬不該看到幾則訊息就焦慮不堪，卻對自己人生的無所事事與停滯無心也無感。

五十知天命

子曰：「三十而立、四十而不惑、五十知天命」。我正通過第三段，人生越來越有感，不僅如此，我還對未來的可見視線，感到越來越清晰，這全拜我的人生哲學：「沒

有平衡，只有取捨」指引所賜。

每回國內外新書請我推薦時，常見到新書資料卡上頭寫：「本書適合二十五至六十五歲」，我就會想起行銷學老師說的這句話：「產品定位、市場定位、傳播定位，是行銷人，最重要的三件事。」

可不是嗎？

新書都想賣給所有人，卻所有人都不買單，就像以前只要看到孩子的活動單上寫「國一至大四都可以參加」，我就會叫我兒子不要去，其實是一樣的道理。

我很早就認知：「平衡不可得，一事無成者卻常常提起」，取捨，成為我人生司空見慣的日常行為。

剛出社會打拼時，前方阻礙都不是阻礙，我想認真工作，直到女友出現。

女友出現，一般男人都在想的事，我也會想，工作上卻顯得心神不寧。

女友變老婆，工作正火紅，全力打拚升官、力求加薪，健康與家庭自然擺一邊。

家庭穩固，事業有成，創業成長，收入不菲，人生平步青雲，健康卻無情亮起紅燈。臉書上五千個朋友，一萬六千多人追蹤，真正的好友人數，其實鳳毛麟角，我是，您們可能也是。

沒有平衡，只有取捨

我試圖想要在諸多人生KPI中尋求平衡點，平衡卻遍尋不著，最終才發現：選擇你想要的，暫時擱著不重要的事，全力前進，擇時檢討，停下修正，再次出發的PDCA思維，雖然老套，卻非常管用。

但重點是：「千萬不能迷失方向」。

時間是你最大的資產，人云亦云是最大的風險，一窩蜂是最大的傷害，排隊等待則是最浪費人生的行為，學習人生平衡，保證一事無成，「取捨」，才是你最該學習的人生態度。

這十一年來，我歷經了離開職場、創業、職業講師、作家、主持人、連續創業、連續出書，以及在影音媒體上連續嘗試，今年甚至走向代言人的新奇角色，一路走來的取捨選擇、是是非非、顛簸與對錯，我不敢說我很成功，畢竟經歷這些階段過後，才能體會老天爺給我的知天命啟示，若用一句話來形容，正是：「無須在意平衡，堅持做好取捨即可。」

至今無法學會的事

我的合夥人福哥常勸我：「不要當爛好人」，我承認這是我的致命傷，無可控制的致命傷，這也是我至今無法學會的事。然而割捨永遠比得到難上一百倍，就像最近搬家的斷捨離一般，心中的罣礙與牽絆，沒有十足智慧是做不好的，所以才會有人說：「取是能力，捨是智慧。」

本書收集了五十則我自己以及周遭朋友、學員、讀者與聽眾的親身故事，有職場、交友、婚姻、健康、學習與人生等多面向的視野，為了保護當事人，部分姓名與場景經過修飾與改編，希望幫助閱讀本書的讀者，少走冤枉路，掌握人生契機、扶搖直上。

謝謝一路走來陪伴我的家人，以及如家人般的合夥人、同事與好友們，死忠支持我的學員、讀者、聽眾，事實上，「我為我的生命而活著，我卻為了您們而全速前進著」，您們成就了我，我更希望有朝一日能成就您們。

寫於二〇一七年秋末，搬家專案剛結束時

第一篇

生活的平衡與取捨

1 人生沒有平衡，只有「取捨」

「媽咪，妳好久沒跟我說床邊故事了。」一句話聽得我內心感觸萬分，抱著老公就大聲哭起來，這幾年我到底錯過了多少事情？

一場以「職場夢想」為名的論壇，現場近百人默不做聲，全靜靜聽著美婷的故事。那年她剛滿三十歲，有兩個孩子，工作順遂、家庭幸福、兒女健康，看似完美的人生，卻是美婷花了六年、一場大病後才「換」來的。

七年級媽媽的堅韌

美婷在講台上，一字一字慢慢回憶。六年多前，事業心無比強的她，頂著國外的碩士學歷，與一口流利的英語，加入國內一家上市科技公司，擔任行銷公關的工作。工作能力極強，加上良好的溝通表達能力與協商技巧，不到三年，她已經從專員一路拔升到課長。

晉升之快速，當時每個人都說：「美婷絕不是省油的燈。」她每天第一個到公司開燈，總是最後一個關燈下班，孩子託給公婆帶。

婆婆看在眼裡，疼在心底，總是用台語告訴美婷：「工作可以打拚，但不要拚命。」美婷聽了，心裡想著：「不拚命哪有升官的份？」

不久，美婷非預期懷了第二胎。這次孕期折磨許多，嚴重宮縮，那是千萬支針刺向肉體的痛楚，晚上還能蜷曲著在被窩裡哀嚎，但白天要上班的日子，對美婷來說，每一刻都是折磨。她向公司請了假，希望能夠休息一段日子，也希望部門能夠快速補人。

但老闆卻不能理解，為什麼美婷一面反應要補人，一面又能正常加班工作，並沒有太體諒美婷其實是咬牙硬撐。直到幾個月後，美婷流產，老闆才安慰了幾句，要求人事部門盡速補人。她哭了好久，既自責自己沒有保住孩子，更氣自己加班無度。

「沒想到，我還是沒有停下來，直到那年晚會主持之後發生的事情，才讓我終於『清醒』。」美婷說，那時即使對老闆有些怨懟，只要工作上一有表現機會，她還是拚了命地付出。

直到晚會主持後，「我的身體已經疲累不堪，騎車回家的路上，意外被一輛酒駕的汽車攔腰撞上，造成頭顱骨裂，讓我在家靜養了四個多月。」回憶起那段日子，她真的覺得自己很不值。

「有一晚，我女兒跑到我床邊大聲說：『媽咪，妳好久沒跟我說床邊故事了。』那一句話聽得我內心感觸萬分，抱著身旁的老公就大聲哭起來，心裡想著，這幾年我到底錯過了多少事情？」

隔天美婷決定向公司提辭呈，沒想到公司卻把她的筆記型電腦寄給她，希望她能在家幫忙公司處理部分不需要面對客戶的事務。「我真的很心寒，一直以為公司不能沒有自己，其實只是我自己放不下，我女兒跟老公才是真正不能沒有我的人啊。」

「那年病假結束，我真的狠下心來離開公司，領完年終獎金與紅利後，離開打拚六年的地方，我竟然毫無留戀，反而覺得輕鬆，終於卸下重擔。」美婷說，轉身離開傷心地後，她做了半年的家庭主婦，那半年可說是她心靈與人生最沉澱與滿足的半年，在家做做菜、陪老公看職棒比賽，晚上陪女兒說故事，偶爾播空充個電，聽場演講，雖然吃老本，但心裡頭卻比在職場時還要快樂。

我記得那一天，美婷說完她的故事後，論壇所有人都安靜了好一陣子。

人生是五顆球不停拋接

人生就是五顆球不斷在拋接，工作、家庭、健康、友情、學習交互地拋起、落下、接住。所有的球都是玻璃做的，一個不小心就會碎裂，只有工作是橡皮球，掉了，撿起來便是。這是一次很貴的學習經驗，真的很貴。

人生無法再重來，這五顆球每個人都希望能順利交替拋接，但真能這麼順利嗎？尤其在二十五至三十五歲，這段正值職業起步、需要全力打拚的時候，我只能建議大家，「人生沒有平衡，只有取捨。」

看看美婷，這六年過去了，她也換了新工作，有了第二個孩子，人生正無限美好，這一切便是她當初「取捨」換來的，而寬廣的未來還等著她，繼續取捨與拋接！

2 宅男醫師聽演唱會，只為了太太臨終的一句話

這一天終於來了，太太辭世前對蕭醫師說：「你去聽一場演唱會吧。」太太離開了，蕭醫師獨自一人來到南港觀賞演唱會，手上拿著兩支螢光棒，一支是屬於太太的。在演唱會上蕭醫師才懂，為什麼太太那麼堅持……

達文西：「我一直以為我在學習生活，其實我在學習死亡。」

當一位醫師轉變成為病患家屬時，心情有何不同？為何醫師要極盡所能瘋狂搶票，獨自去聽五月天的演唱會？

從台北到屏東

蕭醫師十年前從台北遠赴屏東大醫院工作，求的是奉公守法、安分守己，把自己所

學貢獻給偏鄉，家庭與工作盡可能平衡，人生足矣。

未料工作的忙碌，讓自己幾乎全部投入，雖然家庭幸福美滿，但屏東美景幾乎無福享受，你能想像嗎？在屏東十年來的生活，只去過墾丁一次，人家去潛水，他都在醫院，要不就是在家當宅男。

我利用出差到屏東的演講機會，找了蕭醫師吃飯聊天。

我：「你最近在忙什麼？」

蕭：「聽五月天演場會。」

我覺得不可思議：「你這麼宅，也會去聽演場會喔？」

接下來的三十分鐘，我都靜靜地聽他說著。

兩年前，蕭醫師得到醫師公會頒發的優良醫師獎，這對他來說是無比的榮耀，也為他近十年的醫療工作，寫下一頁燦爛的里程碑。他跟太太約好四十歲時，夫妻倆要做全身健康檢查，退休後一起去看極光。

當我正準備恭喜他時，他道出了去年不為人知的家庭劇變——沒想到太太被檢查出癌症，第四期，平均餘命只剩十二至十八個月，整個家庭生活產生巨大轉變。

大轉彎的人生

蕭醫師以前常對病患苦苦相勸，千萬不要相信偏方。在面臨太太化療效果有限，親戚跟他介紹偏方時，自己與太太都很想去試試。身為醫師的他是理性、專注的，身為病患家屬的他卻是徬徨無助、不知所措的，體會感同身受的代價，真的很大。

太太異常冷靜與堅強，讓蕭醫師更不好在太太面前有負面思考。某天小孩睡覺後，夫妻之間的對話，讓他終於止不住淚水。蕭醫師問太太：

「妳有沒有想做的事？我們一起去完成。」

「我們去英國聽歌劇魅影，好嗎？」

「有沒有更簡單一點的？」

「那我們去唱 KTV 好了。」

「有沒有再更難一點的？」

「我想去聽演唱會。」

蕭醫師於是安排了一趟石垣島的麗星遊輪旅行，他覺得演唱會太吵，善解人意的小姨子主動陪太太去聽伍佰的演唱會。能力範圍做得到的，他都盡量做了，不希望太太有任何遺憾，花了一年的時間多投入家庭後，蕭醫師才發現工作上有時缺少他，其實也不會怎樣。

分離的時刻終於到來，蕭醫師在太太辭世前對她說：「下輩子我還想牽著妳的手，這輩子剩下的路我會好好走。」太太也對蕭醫師說：「你去聽一場演唱會吧，一點都不吵的。」

五月即將進入夏季的某一天，太太離開了。七月時靠著眾多親朋好友幫忙，瘋狂的網路購票，搶到五月天門票，蕭醫師獨自一人來到南港觀賞演唱會，手上拿著兩支螢光棒，一支是屬於太太的。

走出演場會，他發現：「演唱會不只是演唱會，而是集體自我療癒的過程。」

我對蕭醫師說：「人生，應該往前多準備，包括你自己。大嫂把餘命給了你跟孩子，你要好好活著，下次聽演唱會，幫我搶票，嘿嘿。」

我們互問對方，記憶最深的一句五月天的歌詞是什麼？

他回：「每個渺小的理由，都困住自由。」

我回：「以你為名的小說，會是枯燥或是雋永。」

3 「人生勝利組」也有缺憾？

大女兒問太太：「你為什麼要辭職回家照顧弟弟，而不是爸爸辭職？」太太抱著女兒說：「爸爸事業成功，也是媽媽的成功啊。」小莫在一旁完全說不出一句話，眼眶裡含著滿滿淚水。

只要夠努力，就能擔任人生的列車長，完全掌握列車的進度，是這樣嗎？

三十八歲的小莫在本土金控擔任分行經理，在東區買房、開進口車，太太在旅行業擔任票務主管，有兩個可愛的女兒，典型的人生勝利組，人生唯一的缺憾就是「希望有個兒子」。

當人生列車掉入深淵

我常跟他說：「女兒才貼心啦」，「兒子、女兒一樣好，健康最重要」。但小莫總是那句話：「家裡希望我們多生個兒子。」

一年後，我真的收到了簡訊，小莫多了個兒子，我給他的祝福簡訊是：「第三胎？總統應該頒獎牌給你，你解決了國安問題。」「哈哈，憲哥，油飯要寄到哪裡？」

可惜，小莫的喜悅沒有維持太久。小莫的小兒子有嚴重的心臟問題，出生三週後就住進加護病房，醫生用和緩、專業的語氣對他說：「按症狀判斷，可能是因為罕病所造成的心臟問題。」罕病？小莫腦中一片空白。

「我可以幫您申請重大傷病卡。」「建議您替兒子做基因檢測。」「需不需要加入家屬互助協會？」醫生隨後說的一句句話，小莫恍若未聞，字字如刀割，只想著：「這些字眼，怎會跟我有關？」

走出醫院，小莫與太太覺得自己的人生列車突然掉入深淵，一個黑不見底的深淵。結婚十一年，小莫第一次在太太面前放聲大哭，多希望這只是一場夢。

隔天他一如往常地去上班，分行同事也都沒發現異狀。那段時間，小莫特別害怕上班接到老婆打來的電話，就怕小兒子的檢查結果又多了「新增項目」，尤其是太太在電話那頭靜默不語時，那沉默的每一秒都是折磨。

妻子的抉擇

太太收入雖不如小莫高，好歹也是旅行業主管，辭去工作要面對的不僅是薪水的損失，更增加未來二度就業的機會成本，但他太太仍毅然決然辭去工作。這是小莫第一次體會到「為母則強」，也是第一次領悟到什麼叫「人生抉擇」。

過往夫妻在家庭相處上，每當遇到任何摩擦，小莫都選擇用工作麻痺自己。如今太太辭掉工作，全心照顧兩個女兒與一個極需照護的兒子，小莫才發現，男人除了賺錢以外，似乎毫無用武之地。

幾年時間過去，弟弟的狀況越來越好，小莫跟太太感到驚喜，醫生也很意外。以前兩姊妹在沙發跳上跳下，剛下班的小莫都會暴怒，現在看到弟弟也能在沙發上快速爬上爬下，小莫有種說不出的快樂。甚至，每次姊姊與弟弟吵架、搶玩具，在小莫眼中，都是再幸福不過的美好畫面。

兩姊妹成為弟弟快速學習最好的榜樣，效果竟比老師還好，而太太正是孩子們的人生標竿。

大女兒問太太：「你為什麼要辭職回家照顧弟弟，而不是爸爸辭職？」太太抱著她說：「爸爸事業成功，也是媽媽的成功啊。」小莫在一旁聽到，完全說不出一句話，眼眶裡含著滿滿淚水。

看見最珍貴的風景

夫妻本是一體，現今社會職業婦女扮演的角色，往往比男人吃重。小莫曾問太太，為何願意辭職回家帶孩子？「我對弟弟的感情，是你永遠無法體會與理解的，甚至超過對你。」太太望著小莫，兩人深情互看良久。

夫妻角色責任孰輕孰重，沒有人能說得準，重點是有彼此在，兩個人同心攜手，問題才有機會一一解決。即使小莫是旁人眼中的「人生勝利組」，但人生列車何時可以準時進站、按時發車、是否毫無意外，沒有人能預料，因為我們不是列車長，我們只是乘客。

我們無法保證人生列車「準點」，但至少可以決定乘車時的心境。當列車「誤點」，那正是提醒我們回過頭關心身邊人事物的契機，尤其是家人、好友。那些願意對你全心付出的人，那些與我們同一台列車的同行者，才是人生列車上最珍貴的風景，無論，那是兒子或女兒。

4 因為「愛」，讓一切變得可能

照理說，兩個人的生活品質應該不錯，但彼此在一起，生活就是不開心。這樣悶到底的生活，不知道還要過多久，夫妻倆的關係緊繃如棉繩，雙方各執一端，再多施一分力，都會扯斷這條繩索……

有客戶問我，彼此個性完全不同的夫妻，當兩個人都是職場上不可或缺的事業強人，累了一天回家後，究竟要為彼此做出什麼樣的改變，才能有和睦共處的一天？

工作與婚姻有可能平衡嗎？

娜姐是我在網路媒體業上課時認識的高階主管，是一名年資十三年的資深行銷經理，工作忙碌、生活節奏快，腦中永遠有著源源不斷的新點子轉著，停不下來的她沒什麼耐心，部署眼中的她極為「嗆辣」。

有一回，娜姐剛忙完一個大型活動，回家一屁股癱坐沙發，一句話也不想說。那是個深秋的夜，晚間十一點多，大門發出鑰匙插入轉動的聲響，娜姐的老公揹著大大的電腦包回到家。他的公司在竹科，十點才下班，一個小時內就開回新店，車速一定飛快。一開門，娜姊劈頭就對老公說：「不用以為十一點才到家就不用洗碗！」他老公也很有個性，酷酷地一句話沒回，放下背包，悻悻然走進廚房，水聲嘩啦嘩啦作響。二十分鐘之後，繃著一張臉，又是一句話也不說地走進浴室，洗完澡上床睡覺。那天晚上，他們兩人一句話也沒多說。

娜姐的老公個性溫和，做事深思熟慮，做起事來是慢條斯理，與娜姐的急性子是天差地遠。他們兩個人的生活步調，也是相隔甚遠。娜姐認為家事應該一人一半，責任與義務各司其職，分清楚了才公平；她老公覺得家事應該是按時間與能力彼此協調，但他說不過娜姐，也就一直依著她。

個性不同，相愛卻不開心

娜姊每天六點準時下班，六點半接孩子，七點進廚房，七點半吃飯，九點半陪孩子睡覺，講床邊故事，十點回到電腦桌前繼續加班到十一點。忙碌的日子周而復始，早已疲憊不堪，她老公在竹科的工作也忙，職位很高。照理說，兩個人的生活品質應該不錯，但彼此在一起，生活就是不開心。

悶到底的生活，不知道還要過多久。夫妻倆的關係緊繃如棉繩，雙方各執一端，再多施一分力，都會扯斷這條繩索。兩夫妻對兩名小孩的教育方式，也是緊繃的壓力源。

一張考試卷，一個分數，娜姐與老公解讀的方式也是「大不相同」。

娜姊：「妹妹，妳國語考九十三分，怎麼會這麼離譜？」

老公：「我覺得不錯啊，已經很棒了，爸爸清大研究所畢業，妳的國語比我以前國小還好啦。」

即使娜姊的好友常勸她：「要看開一點、放鬆一點，畢竟妳老公是高材生，讓小朋友多玩，不是什麼壞事啊！」娜姊只搖搖頭，「我不想讓孩子輸在起跑點。」

秋天過了，難得冬季有幾日是好天氣，娜姐老公提議，「天氣超好，我們去公園騎單車。」

「不行，姊姊要寫作業，妹妹要彈鋼琴！」娜姊氣憤地說著。

那一日氣氛異常詭異，寫作業的姊姊，考卷裡的錯誤竟然重複發生；妹妹的鋼琴亂彈一通，屋內夾雜著媽媽罵人的聲音、孩子哭泣的聲音與面無表情的爸爸。

啪一聲，綳緊的棉繩終於斷裂。娜姐老公首先發難，「天氣這麼好，不出去走走，還待在家裡幹嘛，不要練了！」門重重的帶上，碰的一聲，留下屋內嚇傻的娜姐與兩名小孩。娜姊覺得自己委屈，老公也覺得好委屈，年幼的兩姊妹更是委屈，這個家到底怎麼了？

因為愛，學會改變

後來，娜姐跟我約了碰面，我勸她：「人生是漫長的馬拉松，不要叫你的孩子跑短跑，這樣她們會衝不過艱苦的人生道路，放手讓妳老公加入吧，妳不是說夫妻是一人一半嗎？家事如此，孩子教育也應該是啊。」

我試著告訴娜姐，她老公擅長給孩子人生方向，帶領孩子觀察人生風景，藉由激發潛能，幫助孩子找到自己的天賦；而娜姊擅長逼出執行力，但她決定不要天天插手孩子學業，這樣對孩子人生目標根本沒幫助，放手讓老公帶領。

娜姐回去想了很久，發現以前自己跟孩子討論事情總是吵架，孩子跟爸爸討論事情都很開心，突然間，她理解到她跟老公之間的問題出在哪裡，當天晚上就決定做出改變。

一個月後，老公覺得自己的家庭地位提升，笑容多了；孩子覺得媽媽不再緊迫盯人，更能放鬆學習，家裡氛圍也變好了；娜姊也有更多時間去做自己想做的事，一個改變，三方都受惠。

因為愛，娜姊願意改變，因為愛，娜姊對家庭的投入，不再是沉重的枷鎖；因為愛，周遭的朋友都願意對娜姐伸出援手，只要願意改變，願意說出心中的苦。

因為愛，一切都變得可能，即使只是一個小小的改變，都有可能產生大大的漣漪。

5 家庭、工作、夫妻、親子，職業婦女的四難局面

人生是一連串選擇之後的結果，無所謂對錯，因時，因地，因人而不同，每一段兩人關係，都在「你我以及我們的父母」，六人之間抉擇……

丹丹是我大學同學，大學畢業後就跟班對小威結婚，婚前四處放閃，婚後幸福美滿。

夫妻分隔兩地

小威一直在一家大型金融機構發展，多年前就被派往大陸深耕，與丹丹過著分隔兩地的婚姻生活。

他們有兩個女兒，分別就讀高一與國一，小孩都很聽話。小威每三個月返台一週，加上通訊軟體發達，丹丹跟女兒都很適應這樣的生活。最主要是丹丹自主性很強，個性

獨立、樂觀開朗，朋友多交遊廣闊，這些年也沒多想什麼。

丹丹在證券業發展，覺得這一、二十年來受到環境約束，加上老公工作地點的關係，之前雖有幾次不錯的跳槽機會，但她並不想跳，也不敢跳，總怕一不小心跳入火坑，每次都婉拒了對方。

這次，她終於心動了。

年過四十歲的女性，面對外在薪資與職位的吸引，得考量的因素絕對比男性還要來得多，並非表面看到的僅是單純轉職問題，對女性不友善的世俗眼光，加上家庭牽絆，在在讓丹丹難以抉擇。

三倍薪，怎能不動心

不久前就有個機會，大陸有個三倍薪水的金融職缺，加上能與小威在同一個城市一起生活，丹丹動心了。誰知，面試通知錄取後才是掙扎的開始。

第一個問題就是，誰來照顧兩名正值青春期的女兒？

小威的父母住台南，要說服他們到台北居住順便照顧兩個女兒，似乎比登天還難；而丹丹的父母住林口，爸爸年歲已高，且患有失智症，媽媽照顧爸爸雖然毫無怨言，辛苦程度不言而喻，丹丹實在無法開口要媽媽再顧兩個女兒。

若是要女兒一起到大陸，在台灣課業還算中上的她們，必須重新適應大陸學制，還得放棄熟悉的交友圈，尤其女兒們在青春期成長的關鍵時刻，就怕一不小心反而造成負面影響。就這樣，丹丹面臨家庭與三倍薪水的抉擇，四難的局面。

我能理解丹丹的難處，只問了她兩個關鍵問題：「小威的想法呢？」「妳應徵之前，有想過這事嗎？」

清官難斷家務事，丹丹只說了：「我真的很沒種，小威都不敢跟他爸媽說了，我哪敢？」看來放棄三倍薪水的機會很高了，人生不就是一連串選擇之後的結果嗎？無所謂對錯，因時，因地，因人而不同。

夫妻間抉擇的六人關係

我曾訪問過心理諮商師許皓宜，她有一本書《與父母和解，療癒每段關係裡的不完美》，書中提到一個觀念讓我印象深刻，她說：「每兩人的關係裡，不僅僅是兩個人，而是六個人，『你我以及我們的父母』，和你記憶裡的父母和解，是覺醒的第一步。」

我跟丹丹聊天時，我沒說出我對她抉擇的建議，一來因為涉及夫妻議題，二來因為我對小威的父母並不熟識，但我很想引用許皓宜在書中的一句話來告訴丹丹：「我選擇最愛我的伴侶，而不是我的父母，因為我希望他們也最愛彼此，不因我的存在而干擾。」

我猜，丹丹最後應該還是會接受這個三倍薪的機會。一來，薪資誘人；二來，丹丹的父親從民國三十八年隨國民政府遷來台灣後，才認識比自己年紀小許多的媽媽，兩人攜手度過半世紀的風雨，丹丹每次跟我提起她父母的感情，我都稱羨不已。父母堅貞的愛情，給丹丹許多憧憬。除此之外，小威去大陸已經不少年了，長期分隔兩地，讓丹丹與小威都很渴望完整的夫妻感情。

或許小威的爸媽，最後還是會念在兒子與媳婦長期分隔兩地的思念與風險，就算是對台北再不熟悉，也會願意幫獨生子小威這個忙的。

當時有些話沒說出口，但我想告訴丹丹：「妳覺得怎麼做是對小威最有愛的行為，妳就這樣做吧！就像妳媽媽無怨無悔照顧失智的爸爸一樣，媽媽如此愛著爸爸，妳是不是很羨慕？也不因妳的存在而受到干擾。」更何況兩個聽話的女兒，應該不會給阿公阿嬤添麻煩的。

這也讓我深有體悟，或許日後提供朋友職涯選擇或建議的時候，可以先從認識對方的父母著手。這是我從一本書與丹丹的故事中學到的經驗。

6 當正向樂觀的人說「不想活了」……

「你要先照顧好自己，才能繼續照顧好你的同事跟朋友。」我試著告訴小皮，一定要自己站起來。

小皮是一位長期關注我的文章與臉書的忠實讀者，他在公司是「啦啦隊長」，有他在的地方就是歡樂無限，性格溫暖、包容又擅長照顧別人，同事有疑難雜症都會請他幫忙。小皮擔任過兩屆福委會主委，公司有同事結婚常請他主持，他也很夠意思從不拿主持費，就算拿了也會全部包回去給新人。

小皮樂於學習、喜歡分享，我去他們公司上完課，簡單交談幾次後就變成無話不談的好朋友，最重要的是，我們互相欣賞，他小我十歲，我們好似忘年之交的兄弟。

一通震撼好久的電話

那天夜裡，他突然私訊給我：「憲哥，我愛上了別人，背棄了老婆。為了孩子，老婆最後選擇原諒我，我卻得了憂鬱症，我快受不了了，好想要解脫。」上了整整一天課的我非常累，看完棒球季後賽轉播後，就在沙發上睡著，醒來一滑手機看到他的訊息，我一下子就從沙發上跳起來。

急忙忙走到陽台撥通電話給他，回頭進房時家人都睡了，才發現這一通電話談了整整六十七分鐘。小皮向來正向、樂觀，總是熱力四射如同一顆溫暖的小太陽，這些不像是他會說出來的話。他到底怎麼了？這通電話，讓我震撼好久。

每個人的心裡都住著一群狼與羊，狼代表的是悲觀負面的想法，而羊是正面積極的態度，我承認它們都在，我自己也是。

有時心裡都是羊群居住，沒有任何狼的存在，當少數狼群出現時，也不至影響羊的生態，但只要狼越來越多，就會威脅到羊的生存，直到心中成為全部都是狼的世界。

人生難免有低潮階段，心情也不會永遠正向樂觀。但當狼群多到危害自己生命與健康時，就是該採取行動的時候。

「你要先照顧好自己，才能繼續照顧好你的同事跟朋友。」我試著告訴小皮，一定要自己站起來。

夜間安靜的中庭，電話那頭傳來的啜泣聲格外清楚，「我好累，真的好累，我其實不是這麼正面的，我怎麼對周圍的人交待……？」我知道情況很糟，也不知該如何是好，聽著小皮哭很是心疼，我一邊安慰他，一邊試著跟他說「巫爸」的故事。

壯大自己，才能照顧他人

因為一次廣播專訪的機緣，我認識了巫錦輝「巫爸」，也接觸到紀錄片《一首搖滾上月球》。隨後主題曲〈I love you〉在「金馬五十」獲獎，大放異彩。片中描述一群年紀合計超過三百歲，家中都患有罕見疾病孩子的老爸們，為了不讓彼此家中的情況繼續惡化，他們選擇走出來成立樂團。

巫爸說：「我要是當時沒離開一些負面的朋友，不知今天的我會變成怎樣？」「看見兩個孩子每天正常地呼吸，就是我跟太太最幸福的一件事」「只有將自己照顧好，才能照顧我的兩個孩子，於是，我堅強地活下來了。」他選擇不讓負面情緒壓垮自己。

聽到巫爸這樣說，我在錄音室就哽咽了起來。我把巫爸的這些話告訴小皮，我說：「小皮，你周遭很多朋友、同事都需要你，你先要壯大自己，趕快把自己照顧好，他們都等你回去。」

讓心中的狼與羊和平共處

掛上那通電話前，我跟小皮說：「佛曰三佈施，財佈施、法佈施與無畏佈施。我們心中的狼群與羊群每天都和平共存，職場工作者不需要過度樂觀或是悲觀，任何一種極端都不是好事，維持調和才是常理。」

小皮樂於助人，在錢財與專業知識上對他人的佈施，值得大家稱讚，但他心中或許也有著一群不為人知的狼群存在，我也不方便探究婚姻與外遇之間的原因。小皮不想讓別人為他擔心，適時吐露自己的狀況，我認為不是件壞事。但我同時也期待，他能勇敢面對人生的失敗與挫折，讓自己無所畏懼，不再讓愛他的人擔心受怕。

最後，小皮終於破涕為笑，承諾我，他會盡快調整心情，「憲哥，你的無畏佈施，對我真是受用，總冠軍戰，我們球場見。」

唯有把自己照顧好，才有能力照顧他人，無論在何處，這道理都一應相通。有健康的老師，才會有好學的學生；有誠信的老闆，才會有誠信的員工與企業；父母心靈健康，小孩自然展翅高飛。

7 如果另一半的工作金錢觀與你不同

當許多人都覺得某種工作很好賺，這時就要小心了。財哥一心相信房市榮景不會太早結束，豈料政府修正房地產政策，房市開始反轉……

那天上課日一進到教室，就看見客戶的人資經理欣宜一臉沮喪，隨口問她怎麼了？沒想到她反問我：「憲哥，如果你一年都沒工作，你老婆會怎麼辦？」

好友的人生困境

認識欣宜近十年，夫妻感情好，兒女也很上進。但一年前，她從事房仲的老公財哥，因為市場環境不好，加上房仲工作長期消耗體能，年紀漸長的財哥不太能像從前一樣拚到七晚八晚，導致去年一整年都沒有領過薪水（他待的是無底薪，但高獎金的房仲公司）。

欣宜忍了好一段時間，從一開始的同理支持，到中間的懷疑不解，夫妻感情幾近決裂。課程到了中午休息時間，我們一起吃便當，老實說我吃得很有壓力，但好友的人生困境，再怎麼樣我也要用心聆聽，給予回應。

財哥從事房仲以前是廚師，後來跟兩個好友合開餐廳，不到兩年就收攤，他才知道「當廚師跟當老闆是兩回事」。那次失敗，不僅讓財哥挫折了好一陣子，還扛上五十餘萬餐廳裝潢貸款，必須每個月定期還清。

幸好，財哥成為房仲的四年期間，前三年收入都不賴，加上認真與求好心切，初期的確賺到錢，貸款也能定期償還。家裡因為有財哥、欣宜兩份豐厚收入，常一家大小一起出國遊玩。

我常說「人多的地方不要去」，當許多人都覺得某種工作很好賺，這時就要小心了。過了幾年好日子的財哥，一心相信房市榮景不會太早結束。後來政府修正房地產政策，房市開始有反轉跡象，房仲同業紛紛中箭落馬，該地區剩下財哥的小加盟商還在硬撐。

收入沒了，不改揮霍

薪水少了，日子不再像從前那樣舒服，財哥喜歡揮霍的習性並未跟著改變，加上性格過度樂觀，相信自己一定沒問題，於是「錢事」漸漸讓夫妻兩人產生摩擦。

欣宜的想法不同，她習慣「量入為出」，決定開始省錢，一年不再出國遊玩兩次，也不再參加許多俱樂部，運動習慣改成與十五歲的女兒到操場快走健身，雖然方式陽春許多，但母女的感情也因此升溫。

反觀，財哥仍選擇到健身房運動，月費改請欣宜幫他繳，後來連剩下的貸款都是欣宜在負擔。夫妻用錢習慣不同，收入吃緊時常常為此大吵，小孩也感受到家裡氣氛改變，夫妻關係愈趨緊繃。

我仔細聽著，心裡感觸良多。一般職場工作者都汲汲營營尋找工作自由，殊不知先要有「自律」的習慣，進而產生「自信」，最後才能獲得「自由」的身心靈。

欣宜與財哥是兩個截然不同的人，太平盛世或許安然無事，遇到環境改變，衝突矛盾在所難免。清官難斷家務事，他們夫妻的問題，我唯一能做的或許只有傾聽。

讓家庭保有半年的戰備存糧，仔細評估行業別與大小環境的關聯狀態，保持靈敏應對環境的能力，隨時充實自己，才能避免陷入困境。這是中午便當餐會中我所學到的事。

8 莫忘為誰辛苦、為誰忙

小茹是一位護理師，在她丈夫罹癌時，她深刻體會到身為護理人員的無奈與辛酸……

當護理師小茹的老公被檢查出癌症時，她的工作不但沒有減少，還因為醫院當時有ＩＳＯ評鑑等必須完成的行政事務，讓身為妻子、母親與護理人員三重角色的她，壓力大到快要被徹底壓垮，尤其某次與主管在通訊軟體上過於衝動的對話，幾乎粉碎她熱情的心。

主管：「你不要一直請假，院內人手不足。」

小茹：「這些天您已經准假了，是上個月底就排好的。」

主管：「妳乾脆從下週開始都不要來好了。」

小茹：「好啊！」

小茹自知當時過於衝動，事後主動跟主管致歉，主管也自覺理虧向她道歉，雙方才化解衝突，但她心裡其實曾經想過無數次乾脆辭職不要做，身為朋友的我也都看在眼裡，有次終於忍不住問她：「讓妳撐到現在沒放棄的原因是什麼？」

小茹：「憲哥，你猜？」

我：「需要收入？離家近？老公支持？工作熱情？」

小茹：「我覺得這裡沒有我不行，護理人員嚴重地人手不足，我走了，其他姊妹只會更痛苦。」

正是這句「沒有我不行」，道盡多少醫護人員長工時的悲苦！

如果生病的人是醫生

今年四十八歲的阿哲主任，早已是南部知名的腫瘤醫學權威，十年前自己被檢測出甲狀腺癌時，還一度以為是檢測錯誤，確診後自己不敢相信，連家人朋友都無法置信。

在此之前，阿哲的太太經常語帶詼諧跟他說：「我應該去掛你的門診，才能跟你好好說話。」兩相對照，不勝唏噓。

阿哲總是拚命三郎般工作，直到他倒下。

醫生也是人，凡是人會得到的病，醫生也會得到。

阿哲經過兩次開刀後，住進加護病房，全身麻醉並插滿管子。這景象對醫護人員來說並不陌生，但這回躺在床上的是阿哲，一位腫瘤科權威。

三歲的女兒來探視父親，撫摸著阿哲脖子上五公分的傷口，輕聲地跟他說：「會痛嗎？我幫你呼呼。」

女兒一轉身，阿哲淚如雨下。

病床上的他滿腔的愧疚與懊悔，愧疚的是，過去分給兒女與妻子的時間真的太少；懊悔的是，自己為什麼這麼忙，以致忽略了健康。

如今，阿哲主任罹癌痊癒後進入第一個十年，身心靈都較以往平衡許多。我們的年歲與工作型態十分接近，於是他與我分享這十年來最大的改變。

「憲哥，去年我女兒十二歲生日時，我寫了一封信給她，當著一家人的面唸給她聽，我想讓她感受到父親對女兒的愛。從此以後，我們家人生日，另外三個人都會寫一封短信給壽星，表達家人間彼此的愛與關懷。」

尊重專業，將心比心

想到朋友圈中醫護人員的故事，以及目前的醫療環境，我的心情變得十分沉重。

高度專業、天使般良善的辛勤工作者背後，或許往往有著惡魔般的工作環境與不當對待。職場上，人人都應將心比心，對待專業，相互尊重，拒絕不當延長的血汗工時。

9 四碗泡麵拚出的肉圓金氏紀錄

「你對成功的定義是什麼？」「負責，對家人負責，對朋友負責，對自己負責；若能對周圍的人負責，我想，我應該算是成功的人吧？」

「我跟老婆說，我會是個頂天立地的男子漢。」那場三百餘人的大型演講，阿源的第一句話就讓大家印象極為深刻，話語剛落，全場一片震撼。

阿源跟我們的主力學員很不一樣，在一群穿西裝打領帶的上班族中，阿源顯得格外不同，他是一位肉圓店老闆，年紀輕輕就結婚生子，四個小孩熱熱鬧鬧。阿源有一間自己的店，生意很不錯。

與童話不一樣的愛情故事

阿源說，他與太太一見鍾情，二十歲出頭便在新竹的一間遊樂園內向她求婚，開口的正是這一句震懾全場的話。太太二話不說就點頭答應他，本以為會是一個浪漫愛情故事的開端，就像童話故事寫的，公主與王子從此過著幸福快樂的日子，沒想到，全然不是如此。

「我的幾個工作都不是很順利，投資音響店又失敗，陸陸續續欠債，最後累積了好幾百萬，孩子一個個出生，肩膀上壓力也越來越大。」阿源說，學歷、家世都很普通的他，人生幾乎是走到了絕境，看不見未來出口，靠著太太到科技廠上大夜班，一家人還撐得下去。

後來，因緣際會下，阿源從一位老伯伯手上，接下肉圓的製作技術與批發生意，太太也辭去工作，一起從事生產工作。經營初期，慘慘澹澹，本身沒有餐飲基礎的他，常常一星期只有三天有肉圓生意，沒有訂單時，阿源白天到建築工地刷油漆，太太則到早餐店打零工。

「我那三年，都過著睡眠不足的生活，只能在星期日稍稍補眠。」阿源說，那一年的結婚紀念日，太太向阿源提起他們定情的新竹遊樂園，想帶孩子一起去玩。阿源看看口袋，當月現金所剩不多，但他心想：「有些事情真的不能省，錢還夠付門票，進去吃泡麵應該沒問題。」

於是他帶了一整個背袋的雙響炮泡麵，加上小嬰兒的奶粉跟奶瓶，全家擠在一部車前往遊樂園，希望重溫戀愛時的甜蜜幸福。

男子漢的人生轉捩點

到了午餐時間，阿源對美食廣場的服務生說：「麻煩您幫我裝熱水，我想要泡泡麵。」

服務生為難地搖搖頭說：「先生不好意思，我們禁帶外食。」

「熱水就在旁邊，幫個忙啦。」

「不好意思，這是公司規定。」

阿源不好意思再度為難服務員，也不想讓家人餓肚子，於是想到一招權宜之計：「麻煩幫我把奶瓶加熱水，我泡牛奶給嬰兒喝就好。」奶瓶容量小，為了泡四碗泡麵，他來來回回十幾趟。

大兒子年紀小，只覺得阿源來來回回很有趣：「媽咪，爸爸好聰明，他用奶瓶加熱水，我們就可以吃泡麵了。」阿源聽見了，在旁邊哭了出來，氣自己真的很沒用。

當天回到家，阿源就辭了白天的油漆工作，他下定決心，因為他已經沒有退路了。他開始努力研發新產品，就在希望與絕望下製作出泡菜肉圓，當年還南下彰化參加了肉圓大賽，獲得最佳色香味覺獎；隔一陣子，再接再厲參加製作全世界最大肉圓的金氏世界紀錄活動。

一時間，阿源聲名大噪，靠著自己的好手藝加上辛勤不懈的努力，終於讓他在頭份的百貨鬧區買下一間透天店面，開了自己的肉圓店。

謝謝那位貶損我的人

我問阿源：「四十多歲的你，回顧那幾年，你最想對自己說什麼？」

阿源：「我要謝謝遊樂園的那位服務員，是他貶損也敲醒了我，讓我從谷底翻身，拉了我一把。我還要感謝我太太，她一直默默陪在我身邊吃苦，沒有任何的怨言，我想，這就是最大的支持了。」

我又問他：「你對成功的定義是什麼？」

阿源想了想，說：「負責，對家人負責，對朋友負責，對自己負責；若能對周圍的人負責，我想，我應該算是成功的人吧？」這就是頂天立地男子漢的真正意義！我們互相看了一眼，微笑以對。

有人說，阿源的成功是因為四個孩子帶財，我反而認為：「孩子是逼迫爸爸成長的最大動力，最甜蜜的負擔。」每當有人對阿源說：「帶四個孩子很辛苦喔？」他總是回答：「還好，還好啦！」語氣幽默中又有無比的堅韌。

其實我們都知道，不是孩子帶財，而是阿源的心中有愛，一種對老婆負責、對孩子負責的愛。所以那些「挫折與輕視」以及「低估與酸語」，都變成化了妝的祝福。我們活在世上，努力奮鬥討生活是為了什麼？就是「愛與負責」吧。

第二篇

職場的平衡與取捨

10 工作與生活如何平衡？怎麼取捨？

要像我老闆這樣雲淡風輕，每年悠閒度長假好幾次，真的很不錯，問題是：「這是我想要的嗎？」人生取捨好難，選擇「要」，需要勇氣；選擇「不要」，更需要壯士斷腕的決心。

十多年前，我在外商服務，第一次聽澳洲老闆講「work life balance」的概念，以前我在房地產與金融業工作時，從來沒聽過這概念，更從來沒想過，我只覺得：「有可能嗎？」

耶誕假期氣氛的背後

每年十二月底，老外紛紛休假，那種休假不是像我們過年休九天，而是一休假就休三星期、一個月。印象中，老闆會在十二月初起，天天發出提醒信件，要我們趕快提「折扣申請書」（discount approval），剛開始我也沒察覺，等到要申請時，才發現老闆早在義大利逍遙了（他是義大利裔）。

這種情況發生一兩次之後，為了自己十二月的業績達成率，我學會提前跟老闆討論客戶訂單的狀況，好讓老闆安心休假。我老闆是個很重視生活品質的人，他的生活悠閒愜意，工作僅是人生的其中一小部分。他那時已經五十五歲，聽很多老同事談起老闆年輕時也是很拚的。

不過，當老闆在休假的時候，公司裡有一群人可是別有想法。無論是我老闆的跨部門同事，甚或是我老闆的老闆，他們在歐美休假期間，每個人都異常拚命，講白一點：「我為了要超越（修理）你，就只能利用你休假的時候，拚命工作。」

美其名是為了幫歐美承擔休假期間的業務，實際上大家都希望超越內部競爭對手，這是在外商工作，身為亞洲人的通病與悲哀，也是我時常捫心自問的問題——工作與生活真的能夠平衡嗎？

人生偶爾需要路邊停車

我工作這二十多年來，車速也夠快了，常用「拚命」二字來形容自己。做業務拚命，講課拚命，寫書也十分拚命，到了自己每年的工作調整期，我都用「路邊停車」來形容。沒人知道終點在哪裡，偶爾要讓自己稍微喘口氣，路邊停車一下，想想該怎麼走下去。

最近遇到的人事物，讓我深刻體認到一件事：「人生沒有工作與生活平衡這檔事，不過『取捨』而已。」要像我老闆這樣雲淡風輕，每年悠閒度長假好幾次，真的很不錯，問題是：「這是我想要的嗎？」

現代人工作的責任與壓力都不小，加上家庭與升遷的雙重壓力夾擊，容易養成壓抑性格；工作上若不求突出表現，在現今職場便很難生存。於是工作表現好，生活就沒品質；想求生活愉悅，工作往往一敗塗地。

取捨好難，選擇「要」，需要勇氣；選擇「不要」，更需要勇氣。

越簡單的道理，越難參透

有一次，我請助理整理我過去的課程歷史資料，發現了一些不可思議的現象。看著手中一大疊的名片，我心想，這人是誰啊？在哪裡換到的名片？他跟我兄弟相稱，現在呢？客戶常說不能沒有我，然後呢？管理顧問說，憲哥是王牌不二人選，如今呢？

原來一直在我身邊的，是年華老去但餘韻猶存的水某，還有兩個比我高的兒子，外加嘮叨關心我的爸爸，跟工作上幾位核心夥伴，以及存款簿上匯過來的幾筆講師費……，其他的，好似不是這麼重要了。

捨去個性不合、道不同的朋友，捨去追求權力與金錢的日子，捨去拚命加班的時光，捨去明星光環與萬人簇擁的迷幻人生……，說來簡單，但你有勇氣這麼做嗎？

人生沒有工作與生活的平衡，「取捨」二字而已，道理簡單，真能參透的人卻不多。

11 中年大叔的進擊

我與他們餐敘的過程中，發現一件可能他們自己都沒發現的事，那就是：期待自己更好，不想就這樣度過四十歲……

朋友約吃飯，是一件稀鬆平常的事情，不過，有一次卻讓我印象深刻，三位彼此互不相識的朋友，農曆年後不約而同找我吃飯聊相同的話題：轉職。

這三位來自不同領域、不同性格的好友，恰好有五個共通點：

第一，年齡介於三十到四十歲，都是中年大叔；

第二，都是從知名公司跳槽到小規模公司；

第三，全是跨產業轉職，風險不小；

第四，都是年前已提辭呈，辭意甚堅；

第五，前職均是主管或資深位階，新職職位不一。

先來找我聊的A，他因為前職的市場趨勢已走下坡，發揮的空間不大，而日常接觸的人事物都屬新鮮潮流的引領者，久而久之觸發他異動的心。

至於B，去年達成公司所交付的業績目標，甚至還有成長，但因為所領的薪水不增反減，讓他的轉職念頭油然而生。

C長期所在的工作環境地處偏鄉，雖為一方之霸，也能有所發揮，但為使自己更上一層樓，決心挑戰大染缸。

三個案例離職的原因看似有差異，我與他們餐敘的過程中發現一件可能他們自己都沒發現的事，那就是：期待自己更好，不想就這樣度過四十歲。

你的人生現在是幾點鐘？

三位朋友讀了我寫的一篇文章〈人生時鐘：你的人生現在是幾點？〉讓他們鼓起勇氣找我談談。我雖不想給出轉職答案，事實上也沒有答案，但我希望平心靜氣、不帶太多個人色彩、沒有情緒地，給出我最中肯的觀察與建議。

回答這問題前，我們先用統計數據來分析，台灣男性平均餘命為七十六歲，用這個數字換算成一天二十四個小時，就不難想像所處狀態。

好比是我，人生將近五十歲，意即我的職業生涯已經來到下午三點四十五分。扣除凌晨至一大早的孩童與求學期間，再扣除晚上七八點以後的休息與退休階段，其實我能工作的期間，大約就只剩下午三點四十五分到傍晚的六七點間，其實已經所剩不多。

老實說，四十歲的轉職風險、付出的機會成本，肯定比三十歲要來得大太多，這道理誰都懂，他們為何又急著轉職呢？

你想成為哪樣的人？

答案其實很明顯，與其看不到前景，不如在四十歲來臨前奮力一搏。吃飯時，他們三位都提到了一件事：上一份工作有做了十多年的老鳥同事或主管，每天看著這些老鳥的工作型態、態度以及工作前景，他們不停問自己：「我想成為他們這樣的人嗎？」問了自己許多遍之後，都決定在年前遞出辭呈。

雖然他們找我是尋求建議，但每個人心裡早就有著答案，只是希望我給予支持。而我不是當事人，也很難給出什麼客觀建議，此時此刻我唯一想說的是：在四十歲前，給自己一個挑戰自我的機會吧！

我認識許多職場工作者，每天做著食之無味、棄之可惜的工作，大喊離職許多年，也沒看到他們有任何行動。雖然每個人的情況不盡相同，但都享受舒適圈帶來的紅利效果。其實只要自己喜歡就好，只不過當環境劇變時，就千萬不要有所抱怨。

無論職場怎麼變，趨勢永遠無法擋，借力使力、順勢而為才是王道。千萬不要跟趨勢對抗，敏銳觀察環境，不管做什麼工作，都需要跟趨勢結合。

再也不同的人生

轉職後的A、B、C各有不同際遇發展，A跳到一個不那麼熟的新領域，一切充滿挑戰與未知，他說，雖然挫折不斷，但他感到每天充滿鬥志，消失已久的職場熱情似乎再度被點燃；B到一間較小規模的公司，老闆為求開拓業務，獎金很敢給，B的薪水沉潛一段時間後，如他所希望的早已三級跳。

至於C，轉職結果就沒那麼順利了，他到朋友開的一家小型公司擔任專案主管，複雜的業務內容讓他還在努力適應中，不過前東家正頻頻向他招手，希望他能考慮回去。

我相信，無論中年大叔人生最後一擊的結果如何，未來絕對是資源整合的較勁賽，時時盤點一下手上的資源，人脈資源、核心競爭能力、產業知識與未來發展性，大概就可預測自己未來會往何處去了。不斷學習才不會被淘汰出局，不是老了才不學，而是不學才變老。

時間不斷向前推進，人與人之間最公平的競爭，唯有「時間」。一定要認清自己的機會成本，時間絕不等人，千萬不要忘了幫自己規劃職業生涯，因為老闆不見得會幫你。

12 轉換跑道兩頭空，只有無奈？

我不只一次聽到這種例子。阿翔彷彿變身成板凳洋將，受到中職洋將人數三人的限制，替補洋將成為督促正選洋將的「激勵因子」。

阿翔在一間藥廠擔任業務，三十歲的他想更換跑道，於是到營養食品廠應徵業務。電話通知錄取後，他在兩週內遞出辭呈，順利離職，沒想到這時新公司竟然通知缺額取消。

離職後，新公司取消錄取

他跟新東家說：「我一定要去報到，要不然前公司回不去，新公司又不要我，我豈不是兩頭空？我要告你們。」大公司迫於無奈，只好勉強讓阿翔進去。

報到第一天，由於業務部門真的沒有缺額，但碰巧有位送貨司機臨時因為家庭變故緊急離職，只好安排阿翔去做臨時司機，但薪水少一萬，迫於無奈他只好勉強答應。

兩週後，公司高層放話給所有業務同仁：「你們給我好好幹，我有一位很棒的業務，目前因為職缺關係，先從送貨司機開始做，我看你們今年沒達標的業務，就自己走路，讓我換他去跑業務。他之前經歷不錯，又可以開貨車送貨，你們罩子全都給我放亮點。」

阿翔跟我說起這個「業務變送貨司機」的荒謬經驗，哭笑不得。

這故事雖然有些搞笑，但類似情況其實時不時上演，我不只一次聽到這種例子。阿翔彷彿變身成板凳洋將，受到中職洋將人數三人的限制，替補洋將成為督促正選洋將的「激勵因子」。

短時間之內幫忙送貨，補了一個司機正職，公司少付一萬元，又能解決「錄取卻反悔」責任問題，這種「一兼二顧」的爛方法也虧老闆想得出來，阿翔一時之間別無他法，只好接受。

熟記三原則，買個保險

這種無奈事，發生了到底該怎麼辦？謹記三原則，或許可以先把風險降到最低。

第一，無論何種狀況離職，切記「好聚好散」。無論你跟前公司有多少不如人意的工作經驗，離開就是離開了，編一個婉轉的理由，總比撕破臉或是完全講真話來得好。用一句台語來說：「大家相堵ㄟ到」，同產業圈子很小，難保未來不會因為各種原因回鍋。

於是「家人在南部重病」、「家庭事業需要接手」、「三叔公○○××」、「生涯規劃」千奇百怪的理由充斥，離職沒人講真話，老闆自己也知道。

第二，稍具規模的公司都有 offering letter（聘用函），沒收到正式文件前，話千萬不要講太滿。如果收到，也只能算是九成安心，因為產業變化很大，臨時凍結職缺仍是時有所聞，再怎麼樣還是要替自己留條退路。

第三，保留證據。Email或是電話通知都是證據，不過還是要看是誰發給你的信？或確認是誰與你電話聯繫？職位越高者，確定的機會或許越高，不過也不能百分之百確定，留下證據是確保安全之道，未來要求履約也才有個對口。

上述三原則，只是讓你在最糟糕的情況下，替自己「買個保險」，不致損失太慘。若真的被新公司放鴿子，當然可以提告或是申訴，不過話說回來，就算申訴提告成功，這公司你還會去報到嗎？這種新人缺額時而凍結、時而開放的公司，你真的敢加入嗎？先求自保，明哲保身才是上上策。

13 離職該多久前提出？能讓新公司等多久？

別傻了，公司絕對不會「沒有你不行」，這都只是我們想包裝自己很重要的糖衣藉口。

我的朋友雪莉，在一間世界級廣告媒體擔任總監的工作，負責的客戶也都是世界級的公司，過往十五年，她都在同個產業。算一算，雪莉已經在這間廣告公司待了七年，心雖然倦，口中嚷嚷要換公司，卻從未看過她真的採取行動。

這一回，聽到她真的要走了，我有點驚訝。她告訴我，新公司是跨產業的工作，一點六倍薪資雖然不是什麼誘人機會，終於能夠轉換環境才是她考量的點，這個念頭在她心中始終不曾停過。

雪莉的新工作是對內溝通，負責對內部一萬多名員工行銷，以往都是她幫客戶抬轎，替客戶的產品在市場曝光，如今她搖身一變，即將變成內部行銷的掌舵者，確定大家瞄準的對外市場與做法一致，聽起來多棒的一個工作啊！她的興奮之情溢於言表，聽她談及新工作顯得雀躍不已。

新舊之間的銜接

雪莉：「對方希望我三個月內報到，我可能要等到年底才能去，該怎麼辦？」

我：「想要跳脫舒適圈，就要快刀斬亂麻，越快越好，年底？我要是新公司總經理，我不可能會等你到年底啦！」

雪莉：「對方說，我是他尋覓一年的最佳選擇，他們應該會等我吧？」

我：「瘋子才會等妳到年底，若是妳的位置可以撐到年底才補人，其實妳不去，該部門應該也可以運作吧？那就不去也罷，是吧？」

離職再怎麼依依不捨，一個月已經夠「仁至義盡」，絕對是「早走早超生」，對彼此都會是個解脫。試想，已經提出辭呈的高階主管，同事如何看待你？命令還會有人遵循嗎？如果新主管的政策跟你不一樣，同事豈不是白做工了嗎？公司後續的客戶專案，沒有你真的不行嗎？

別傻了，公司絕對不會「沒有你不行」，這都只是我們想包裝自己很重要的糖衣藉口。想一想，如果那是真的，公司怎麼會願意放了你？如果不能沒有你，卻又甘願放你走，更該提早閃人啦！別再相信這些自我感覺良好與自我安慰的理由。

我都會建議，所有階層的員工提出辭呈，應該在二到四週之內走人，讓接手的新任主管或同事好辦事，這才是留給前東家最好的禮物。

雪莉說：「二到四週那麼短，交接時間不夠啦！」

我問她：「怎樣才叫夠？」交接沒有夠的一天，就像工作沒有做完的一天，不是嗎？

交接，真正要做的事

交接，不外乎分成「事務交接」與「人際交接」兩種。在離職者不請假的情況之下，前者通常兩週已經足夠，過程中要記得讓新人保有自我設計與改進工作流程的空間，百分之百的逐條交接有時並不必要。更何況，職務越高階，事務交接比例應該越少；反之，越基層則越多。

比較花時間的，往往是「人際交接」，要帶著新人去跑客戶，去見key man、拜碼頭。不過，人際關係需要花時間累積，短時間很難有什麼效果，頂多點到為止，幫老東家的新同事牽好線，才是厚道的表現。

話說回來，如果問題是新人遲遲補不到位，又該怎麼辦？那就是平常沒有建立「備胎制度」，外面找不到人，內部短期內也升不上來，仔細想想，這意味著是什麼？正常的職位運作應該是把一個缺做到炙手可熱，要讓大家很想來。

我跟雪莉說，如果妳的位置沒人想來，我跟妳打賭，「妳去下一個職位，也別想高升，因為妳把位置做小了。」

最後，我語重心長告訴雪莉，別想像自己有多重要，也不要奢望離職日期依公司規定。想想那些壯士斷腕的人，提出辭呈後最多一個月就走人，「對前公司要厚道交接，對新公司要信守承諾，對待自己要堅定信念」，也別忘了自己有多想去新公司！

14 「要」很簡單，「不要」需要勇氣

錄取新工作，卻陷入派系人事鬥爭，左右難為，事情遲遲結束不了，朋友笑阿德太傻，但阿德反而認為「爭權奪利的人才傻」……

找工作時，任誰都怕介入錯綜複雜的內部角力，醫生找工作時也是如此。選醫院要一間間拜訪，科別也要分別投履歷，筆試過後，每科會把候選人名單交給醫院人事部門，好戲才要開始。

我有一位醫師朋友阿德，打算到醫院A科任職，面試過後是備取第二，為了自己的前途，他決定轉而選擇第二志願B科。過了一陣子，醫院的人事打電話給他，說A科想要增額錄取一名，由於備取第一放棄，問他有沒有意願進入A科，他想也沒想便一口答應。

未料，A科的總醫師隨即打電話給他，帶點威脅又關懷的口吻告訴阿德：「增額那

個位置其實早已有人跟主任談好了，你這樣進來會把A科氣氛搞得很差，你自己想一想吧！」潛台詞很明顯就是要阿德自行放棄。

兩難的選擇

阿德這下才得知，A科當時的增額是直接提報人選給人事部，人事部專員很憨直，認為A科這樣不符合人事程序，所以才堅持打電話詢問阿德意願。由於阿德已經致電B科婉拒進入，頓時陷入天人交戰的困難選擇，左右難為。阿德苦思良久，為避免破壞工作氣氛，他最後選擇聽從A科總醫師的「建議」，勉為其難回到B科。

茶餘飯後聽到這個故事，我們都覺得不可思議，原來白色巨塔內的人事鬥爭與排除異己是真的，比起一般企業有過之而無不及。只是我大多接觸大型企業，對於公家機構或是醫院組織的故事，僅是偶爾聽聞，這讓我不免感嘆：「只要有人的地方，分出派系與權力範圍就屬人之常情。」

我常說：「你成功了，屁話都是對的；沒成功，對的話都是屁。」菜鳥找工作沒權勢沒背景，難免會吃點小虧，在大型組織內對抗組織氣候，下場終究不好。但職場真的很小，不要把話說死，把事做絕，永遠要留一條路給自己與他人，不要計較太多，自己的努力終究會被看到。

後來阿德告訴我們，這故事還沒結束。A科總醫師覺得自己說服了阿德，欠阿德一個人情與公道，也私下感謝他不為難長官的個性，A科總醫師三不五時透過「各種管道」去B科關照阿德，讓阿德在B科的發展還不錯，加上阿德自己認真投入的工作態度，很快就讓B科的同仁認可他的專業與熱情。而人事部門也知道阿德多所退讓，對他敬佩不已。

取捨之間，沒有標準答案

我問阿德：「你委屈嗎？」阿德：「一點也不，都是緣分啦！」聽到故事的朋友，總會笑阿德太傻，但阿德反而認為「爭權奪利的人才傻」。他寬大的胸襟，讓我感佩，因為我自己就做不到這一點。

其實職場工作，選擇「要」很簡單，選擇「不要」則需要勇氣；取捨之間，沒有標準答案，「取」是態度，「捨」是智慧，一來一往間，答案只有時間能證明。

15 老鳥菜鳥都該懂的職場規則

業務工作沒有「大不公平」，但「小不公平」卻是很多，想要做到百分之百公平，幾乎不可能。唯有不斷讓自己變強，才是職場裡打滾唯一上策……

行銷課程一結束，小許趁學員魚貫離開教室時，跑來向我抱怨，今天與他分在同一組的美鳳，三不五時跟他搶業績的事。面對良性或是惡性搶業績，身為銀行的資深理專，小許早已見怪不怪，但偏偏他就是對美鳳特別感冒。

裝傻惡意搶客？還是真不知道？

小許業績很好，結案能力強，客戶關係經營很深，不缺A級大客戶。不過他經常沒有耐性，很不會填寫內部表單，對於拜訪紀錄與CALL客名單，總是敷衍分行經理，三不五時不交報表，因為業績一直很好，經理也就很少「釘」他。

美鳳是行內新人，手上若不是學長姊丟出來不要的名單，就是離職同仁交接給她，戲稱一輩子都不會成交的「Z級」客戶。但是半年來美鳳憑著耐心與專業，加上鍥而不捨地CALL客與堅持，不少死都不會成交的鐵板與仙人掌客戶，在她手上居然擠出幾滴水來，不僅順利通過試用期，還拿到區內新人獎。

不過小許發現到，幾組非常面熟的客戶，竟找美鳳開戶，被發現重疊的有兩組，其餘沒發現的不知有多少。

難以平衡的「小不公平」

難怪課堂上，這一組小組討論時氣氛怪怪的，現在我知道原因了。對於業務重疊的處理原則，各行各業或許有所不同，但也大同小異。業務工作沒有「大不公平」，但「小不公平」卻是很多，想要做到百分之百公平，幾乎不可能。業務主管的調和功能，就顯得格外重要。

比較擔心的是，如果業務主管自己不但要扛業績，還跟業務搶業績，那就完了，還好小許不是業務主管。小許不愛做 CALL 客紀錄，少了證據，已經沒有立場來跟美鳳分業績，或是向對方挑明某客戶是自己的，沒有紀錄要如何證明？

如果我當分行經理，我會告訴小許，臨櫃轉介的客戶是分行的資源，不屬於個別業務，如果什麼資源都是資深業務的，要資淺業務如何立足？

但是，美鳳對於客戶的來源沒有多做詢問，也要記上一筆。通常業務面對新客戶，禮貌上都一定會多問一句：「過去是否有跟行內其他理專接觸過？」這就是為了避免踩線或是內部樹立敵人的防身術。

不過美鳳的耐心與專業，得到客戶認同與成交也是事實，尤其是大家都不要的客戶。

職場打滾的唯一上策

若要避免同仁之間的矛盾，得由業務主管出面協調，已經成交的客戶不宜更換理專，趁此機會教育小許填寫報表的重要性，並告知身為學長應有更大的氣度，焦點放在提攜後輩，不斷提升自身實力才是正確做法。

對於美鳳也要機會教育尊重行內同仁的重要性，尤其是學長前輩，或許不少年輕人不懂這道理，內部若樹立太多敵人，年輕人會更難翻身。

職場裡的「小不公平」真的很多，永遠介意不完，唯有不斷讓自己變得更強，是職場裡打滾的唯一上策，才不會發生「長江後浪推前浪，前浪死在沙灘上」的慘劇。

16 只做喜歡做的事，如何期待領高薪？

慧琳不是沒想過給小如加薪或者晉升，但這五年來，慧琳始終找不到任何理由，感覺就是還少了什麼。

慧琳是業務副總，在職場二十多年，什麼樣子的下屬沒見過，小如卻讓她很傷腦筋。

慧琳：「小如，年終企劃案三個部門的彙總資料到底好了沒？妳不是說週五下班前要給我，今天已經星期一了耶？」

助理小如：「報告老闆，我是說這個週五會好，不是上星期啦！我正在準備要送給本週來公司參訪的重要客戶的禮物，已經在最後包裝階段了。老闆妳看一下，這緞帶是不是很好看？我花了兩天才研究出這種華麗包裝法，妳看，是不是很漂亮？」一路從第一線業務爬到副總位階的慧琳氣到啞口無言。

做你應該做的，而非喜歡的

慧琳常常在我面前稱讚她的助理多乖，又多認真，四技畢業後就跟著她，將近五年的時間。慧琳不是沒想過給她加薪或者晉升她，但這五年來，慧琳始終找不到任何理由給她更好的薪水、更高的職位，感覺就是還少了什麼。

我問：「她都在做什麼？」

慧琳：「很會包裝禮物、常手寫卡片送給客戶、訂餐、幫我聯絡同事感情、公司裡面姊妹很多……，我不是說這樣不好啦，都快三十歲的女生，總不能一直做助理的工作，要更上一層樓才對嘛，很傷腦筋。」

「她薪水多少？」

「不到三萬啦。」

其實這是一個不算高，但也可以接受的薪水。當然，這還得看是跟誰比了。

三十五歲以前的職場工作者，應該要分清楚事情有兩種，一種是「應該做的」，另一種是「喜歡做的」。多做應該做的事，而不是常常去做自己喜歡做的事。小如或許不知道慧琳對她真正的期望，不是要她當小妹，而是成為更稱職的副總助理。

很多人會說：「我好忙，我好忙。」真的「忙」嗎？不妨暫時停下手邊工作，好好仔細檢視，是不是都在忙一些緊急卻不重要的事？而真正重要卻不緊急的事，是否都排在比較後面的順序？

最常見的盲點

職場工作者最常有的盲點，就是搞不清楚工作優先順序與輕重緩急。得多花點時間做的，應該是那些真正影響工作目標、初期不太想又不太上手的工作，而不是花大量時間去做自己喜歡做的事。這往往也是「低薪工作者」與「中高薪工作者」最主要的差別。

小如工作做了五年，依然沒有搞懂誰是「真正的老闆」，她是副總助理，無疑的，慧琳就是她的老闆。雖然以當責精神而言，對自己負責便是負責，但當責精神也得對「他人」負責。

小如職場中最重要的他人，就是副總，只要老闆不滿意，做到死，都沒有人會感謝妳，更不可能加薪升官了。我還記得，那天與慧琳談話的最後，我說：「能幫老闆解決問題，才是真正的『助理』，而不是只會包裝與訂餐，小如選錯公司上班了，是吧？」慧琳只有無奈地笑了。

17 你真的適合打掉重練嗎？

「你想跳槽的原因，是不是因為老闆或同事不好相處？」

「還好啦，我只是單純想打掉重練，希望在三十五歲來臨前抓住青春的尾巴，奮力一搏。」

身為一名職場講師，當朋友想跳槽的時候，總是會第一個被想到。幾位有意跳槽的朋友，都曾私訊問我的意見，要我給出答案。其中最積極的就屬小蔡，我利用忙碌的空檔，和他喝杯咖啡聊了近一小時。

中年之前的奮力一搏

小蔡一開口馬上就說：「我想打掉重練，憲哥覺得呢？」

在科技業擔任製程工程部課長的小蔡，即將逼近三十五歲，先前因為參加同學會，看到大學同學們，只要是一開始選擇業務工作的人，每個都趾高氣昂、意氣風發，侃侃而談自己的小小成就與人生閱歷，讓小蔡好生羨慕。由於小蔡對投資理財也有興趣，加上自己還單身，但在業內沒什麼機會與異性交往，科技業又不如以往風光的三種前提下，他想要跳槽去當理專。

「你有相關證照嗎？」我問。

「沒有，不過公司會輔導我們通過考試。」

「你知道當業務或理專的辛酸嗎？」

「想過，我也常看憲哥的專欄，但我覺得可以想辦法克服。」

「你真正想跳槽的原因，是不是因為老闆或同事不好相處？」

「還好啦，我只是單純想打掉重練，希望在三十五歲來臨前抓住青春的尾巴，奮力一搏。」

我很欽佩他的勇氣，但非常不看好他的決定，其實再壞的現在，都有值得更美好未來的理由，而不是看到哪裡好，就往哪裡去。

人生能有幾次打掉重練？

人生很短，是禁不起幾次打掉重練的。職業生涯若是每段都打掉重練，我們又有多少時間去練習，或說去挑戰每段職業生涯該克服的進入門檻？人逢中年，一定有過幾次跳槽的經歷，但跳槽的目的得先搞清楚，是「藉著已經有的東西，去爭取那些沒有的東西」。

職業本身是一連串重複工作的組合，要能達到一連串的重複而不出錯，並為企業或組織創造價值，必須先克服前期的進入門檻與障礙，既然花了時間克服，沒多久又打掉重練，機會成本的損失可想而知是大的。

想跳槽或是換工作時的借力使力，得先確定的一件事，就是自己的「核心競爭能力」！

以我過去二十多年的職業生涯歷練，扣除前三年的人資與採購幕僚的工作類型，算是我人生犯錯的前三年，但這三年也為我的職涯，培養出良好的工作習慣與態度，雖說浪費，其實也不盡然，學習失敗也是一種成功吧？

然而，後面的十二年全然是另一番面貌。工作都圍繞著「業務能力」發展，不是第一線業務，就是第二線的業務主管，儘管橫跨房仲、金融與高科技三個領域與產業，但實際上都是「三點不動一點動」的攀岩型態跳槽。

核心能力都是與人接觸、挑戰業務目標，以及促進團隊合作、整合公司內外部資源、帶領團隊達成業務目標，雖說產業大不同，骨子裡差異卻不大，只有外商那段學英文的痛苦考驗，差點打倒我，如此而已。

衡量機會成本

當人年歲漸長，機會成本與當年不同，千萬不要頻換工作，除非是「換湯不換藥」。圍繞著自身的「核心競爭能力」，就像是一座螺旋梯，看似不斷轉折、彎曲，其實是專注地朝向目標攀爬而上。

我告訴小蔡這個概念，不知他是否明瞭時間對一個人的重要性？年近三十五歲的他，已經沒有那麼多時間換掉「樓梯」重新再爬過。當中年人來到一定高度，經營且愛惜自己的品牌方為上策，絕不會純然打掉重練「就地重爬」。

最聰明的方式就是提早確定自己的核心競爭能力，學會借力使力，將過去的職涯學習當作養分，想辦法開出更美麗的花，因為未來的我們，每一分每一秒彌足珍貴，而且只會越來越貴。

18 一年的工作重複二十遍，還是真有二十年資歷？

你可能會說：「二十年的經驗寶貴啊？」但你確定二十年前的經驗，如今還很寶貴嗎？

一次公開課程中，我要求所有學員拿出最精彩的人生或職場故事盡情分享，班上學員幾乎全部是醫師、老師或是職場的中高階主管。我對他們的期許很深，最後他們也都沒讓我失望。除了蔡大哥。

蔡大哥是一家科技公司中階主管，該公司在台灣頗負盛名。蔡大哥資歷二十年，課前作業就可以看出他的沉穩與內斂，深度與自信。

「我的人生枯竭了！」

練習時，蔡大哥表現不俗，除了說話語速太快，塞滿太多訊息在七分鐘簡報內，他不失為一位好講者。可惜，上台演練卻表現不如預期，雖然他已經改變過往表達方式，仍無法達到我設定的標準。

我問蔡大哥：「過去二十多年，有更適合的故事可以呈現嗎？不一定要談高中或大學時期的事。」

蔡大哥說：「參加這課程後才發現，相較於其他同學，我的人生枯竭了，尤其那過去二十年的職場生活，幾乎榨乾了我的人生。」

聽到這話，我心裡滿是不捨。人人稱羨的工作，薪水與職位都不錯，怎麼會用「枯竭」兩字形容自己？工作，不該只是瘋狂付出，不該僅僅是一份「工作」，它更是生活的一部分，常聽到人說：「工作不是人生的全部，不需要拚了命工作。」

話雖如此，我覺得只對了一半，工作確實不是人生全部，但它更是生活的一部分，而且是滿重要的一部分。蔡大哥雖然有二十年資歷，但他可能沒有搞清楚，自己究竟是一年工作資歷重複了二十遍，還是真的擁有二十年的豐富資歷？

企業中多的是拚命工作、奉獻自己的勤奮員工，優異表現不在話下，但最讓我無法接受的是，企業常以年資當作衡量特休與組織貢獻的多寡。我時常遇到許多資深同事說：「年假多到休不完。」是真的休不完？還是除了工作就沒有人生了？甚至就在重複的工作輪迴當中，自我陶醉與自我麻醉？

我有位老同事，離開了服務近二十年的公司時，要我幫忙留意新工作機會。我其實很想跟他說：「五十歲中年轉業，不是跳槽而是要重新開始再找，不如自己發明一項新工作。」但如此直白的話，我說不出口，怕傷了朋友的心，只回了他一句，一定幫忙多留意。

二十年前的經驗，還寶貴嗎？

中年轉業其實沒有那麼簡單，過去，我不斷在課堂裡、演講場合、書籍與專欄、廣播節目中提及：「職場工作平均五至七年，就應該換一個新的工作模式。」無論是公司內部的工作輪調、晉升、調單位，或是離職跳槽，都應該讓自己保有隨時換位置的思維。

因為絕大部分的工作，前兩年公司投資工作者的學習成本較大，二至六年工作者的平均產值會慢慢變高，隨後邊際效益遞減。一個待二十年的主管，公司賦予的薪水，跟他的貢獻，已經相對不成比例。

你可能會說：「二十年的經驗寶貴啊！」但你確定二十年前的經驗，如今還很寶貴嗎？

我們應該思考的是，如何讓自己保有持續進步的動力？這二十年的經驗，是否還「被需要」？或者乾脆發明一項新工作，並把它做好。用過好生活的態度來做，你的人生自然會產生令人驚豔的好故事。

19 年少得志VS.職場第二春

「薪水對妳不是很重要嗎？不能忍嗎？」

「老娘就算餓死也不會再待下去，我是學姊耶，好歹尊重我一下，他到底把我當什麼？」她的義憤填膺，完全寫在臉上。

以軒是我大學學妹，小我八屆，住的很近加上學長學妹關係，平時很有話聊。但她後來結婚生子，幾年前離開外商，專職當家庭主婦，在家相夫教子，雖然偶有抱怨，卻也自得其樂。

不過不久之前，她進入了一間科技雲端公司，公司創辦人因為一次對國內某知名老闆的簡報十分成功，獲得大量金援，隨後媒體鋪天蓋地地宣傳，導致該公司經營未演先轟動。創辦人年紀輕輕不到三十五歲，可說是英雄出少年。

狂暴不可一世

以軒透過介紹進入該公司擔任管理部經理，負責研發以外的所有事項，還包含打雜。一家不到十五人的小規模公司，管理部經理真的大小事都得做。不過，以軒在離開職場七年，兩個小朋友都上小學後，很珍惜這得來不易的工作機會。

當然收入還算不錯，對過去七年靠老公養全家的以軒來說，經濟狀況已不那麼寬裕，這筆收入可說是久旱逢甘霖。

然而，年少輕狂創辦人的暴躁脾氣，公司內部所有員工都受不了，以軒本以為老闆僅是壓力大，從一位沒有任何管理經驗的宅男工程師，透過一項服務與科技研發技術，搖身一變成為五年內夢想在美國上市的科技新貴。尤其媒體加持的光環，那種不可一世與內外矛盾的個人特質顯露無遺。

以軒好幾次在會議室裡跟創辦人嗆聲，創辦人也知道她的辛苦，雙方雖常有言語衝突，但就僅止於會議室內，外人不得而知。去年底因為公司薪酬與人員升遷制度急需建立，雙方一言不合，以軒決心辭職以示抗議，創辦人也立馬批准辭呈。

「溫習」職場現實

我：「薪水對妳不是很重要嗎？不能忍嗎？」

以軒：「老娘就算餓死也不會再待下去，他自以為是的個性，加上科技人獨有的宅與不擅長人際關係，又根本沒當過主管，以為一個產品多了不起，大家都得聽他的，門都沒有。他只能騙騙工程師啦，我是學姊耶，好歹尊重我一下，他到底把我當什麼？」她的義憤填膺，完全寫在臉上。

其實相關的新聞報導我也看過，這間科技公司的創辦人的確很有企圖心，但研發終究是研發，CEO是領導人的角色，兩者工作屬性大不相同。公司初期以研發為主軸並無不妥，不過領導藝術並非天生，雖然可以透過後天養成，想長久經營公司卻不可不慎。

創辦人該試著下放權力，多借重另一位年歲更長、資歷更深的營運長，從中調和鼎鼐，否則就算有大好江山，也會被內部經營不善給搞垮。所謂「將帥無能，累死三軍」，經營公司不能只靠運氣與產品，懂得權力下放，公司才有機會邁開步伐往下一階段前進。

因為，沒有人是萬能，天才再怎麼厲害，能掌控的也有極限。

那天，我告訴離開職場七年多的學妹，要重新適應職場絕非易事，畢竟職場是現實的，職場倫理規則更得花時間「溫習」，很難半年就無縫接軌。負氣離開，下一間公司也不一定會更好。

20 不追求晉升，也可以是人生勝利組嗎？

想起母親總是不斷叮嚀：「事業重要，健康無敵重要。」她大聲告訴老闆，自己沒有往上晉升的念頭，卻換來老闆對她的不諒解。

每次的大型演講，台下幾百個人望著我，我在台上講得口沫橫飛，心中最期待的是會後的Q&A，希望透過聽眾發問，瞭解他們聽進去多少，心中真正的疑問是什麼。

記得那是一場有高階主管出席的企業內訓，學員都很內向，會後Q&A時紛紛閃避我的眼神，好似怕被點到名。忽然左後方一名高挑女子起立發問，總算讓我與學員鬆了一口氣，她問：「憲哥，你為何總是可以積極向上，充滿熱情，難道工作中沒有受到挫折的時候嗎？」我回答：「有啊，剛剛你們都不舉手發問，我好挫折啊！」

現場哄堂大笑，我隨即回答了她的問題，並且笑稱：「這是我第八百次，被問到這問題。」演講結束後，工作人員迅速送我出場。我去一趟洗手間，出來後就遇到這位提問者要求「惠賜名片」，我笑笑回答：「這是我的名片，我們再找機會聊，我先趕下一個行程。」本以為會就此打住，晚上回到家，她發了一封三千字的信給我。

追求事業，不如追求完美人生

信中提到，她在公司的職涯平步青雲，三十歲不到已經有個眾人稱羨的職位，加上曾經代表公司參加全國性的選拔，也榮獲獎項，在公司內部無人不知無人不曉，年輕出眾、工作能力極強，喜歡遊山玩水，瑜伽、游泳、籃球樣樣精通，只是苦無追求者，老闆不斷逼她往上晉升，負擔更大的職務挑戰，甚至說服她：「往上晉升，才是人生勝利組。」但她一點都不這樣認為，心想：「我就是不想晉升，不行嗎？」

她的父親因為年輕時工作勞累，四十多歲時就因肝癌病逝，母親撫養兒女長大，總是不斷叮嚀：「事業重要，健康無敵重要。」多少造成她對於事業追求的企圖心，永遠不及對於完美人生的追求。

她大聲告訴老闆，自己沒有往上晉升的念頭，卻換來老闆對她的不諒解。

我回信告訴她，其實，她說的也沒錯，誰說每個人的職涯發展，一定要靠加官晉爵來證明自己的成就。平心而論，許多人就是不適合擔任主管，自己分內工作做得超棒，一扯到帶人就自私得要命，這樣的人若是晉升，肯定成為組織最大亂源。

其次，專業職對於企業的貢獻，絕對不亞於管理職。我就認識許多超級優秀的專案經理、主任工程師，他們對於組織內的調和鼎鼐、橫縱向溝通協調如魚得水，雖不喜歡帶人，但也能充分展現自我價值。

管理者並非天生，而是一步步訓練得來，若在擔任管理職的路途上，「意願總是低於能力」，不僅不會長久，也會埋沒該員工在專業職上的貢獻度。相反的，每位擔任管理職的夥伴，也不用奢求你的專業能力都高於部屬，因為你的職責就是要找到比你厲害的人，讓他們總是心甘情願為你、為團隊效命，不是嗎？

21 人生每一段路都不會白走

我問起許大姐，這些年她發生的事情。許大姐笑說，這一條路還是她兒子指引出來的，她反而很慶幸自己當時的「被資遣」。

金融海嘯時，許多金融業提出縮減人力的配套方案，許大姊是資遣名單中的一員。沒人想得到，在若干年後，緣分又重新替我們搭起一座橋，我跟許大姊以及當時負責執行資遣專案的經理大智，三個人竟有一天會碰在一起，喝著許大姊親手泡的咖啡。

禍不單行的資遣

那天，我們聊了很多當年往事，大智經理在還是襄理的時期，拿到了一份從公司高層交辦下來的資遣名單。他回憶起擔任劊子手的那一年，他說：「當時覺得很無奈，現在卻很釋懷。」

許大姊被通知資遣的那一天，哭哭啼啼地告訴大智說，她老公一年前才在另一家公司被資遣，現在輪到她被資遣。她覺得老天爺很不公平，二十多年來，一直戰戰兢兢在職場裡打拚的夫妻，沒想到先後被不同公司拋棄。許大姐回想起當時，直說：「那種感覺很想死。」當年大智知道許大姊家裡狀況，在資遣流程上默默幫了她很多忙，還向公司建議以優退的名義讓許大姊順利離職；同時許大姊也承諾不會為難公司，願意和平離開工作二十多年的金融業。

也是因為這緣故，這幾年許大姊與大智就像姊弟般時常聯絡，許大姊三不五時還會回來看看大智，最重要的是：「每次許大姊到公司，同事都有咖啡可以喝。」

當天在會議室裡，大家是一面說一面笑，還有許多互虧的哏，加上惺惺相惜的眼神，配上提振精神的好咖啡。這種情景，絕對是當年我們三個想都想不到的，猶如一本書，沒有翻到最後一頁前，還真沒有人猜得到結局會是什麼。

我問起許大姐，這些年她發生的事情。許大姐笑說，這一條路還是她兒子指引出來的，到現在，她反而很慶幸自己當時的「被資遣」。

從「很想死」到「很慶幸」

許大姊有兩個兒子，老大是標準上班族，小兒子從餐旅學校畢業退伍後，人生夢想就是開一間咖啡廳。以前常被爸媽嘲笑「夢想不能當飯吃」的弟弟，在爸媽接連被資遣後，反倒讓他成功說服爸媽拿出資遣費，在台北聯手開了一間夢想的咖啡廳。

起初生意普通，賺小錢但累得要命，後來修正經營模式，努力請教同業，加上三不五時充實專業與網路行銷的技能。一年過後，咖啡館才開始穩定獲利，許大姐也發現到，在咖啡世界裡她獲得的比當初在金融業裡的還要多，漸漸找到自己的成就感與歸屬感。後來，甚至連哥哥都想加入「泡咖啡」的行列。

我跟大智一面喝咖啡，一面聽著許大姊的人生故事，深感命運著實讓人猜不透。無人料得到，如今最懊惱的反是大智。

大智屬於人資部門，向來是公司最無奈的單位，無論公司發展好壞，都是「最倒霉」。當公司狀況差，得被迫「有所選擇」，將員工資遣或是放無薪假來度過難關，人資部門就成為執行此項人事政策與命令的「劊子手」；當公司狀況好，需要大舉徵才，人資部門往往面試到嘴軟，也不一定招得到人，若又遇到公司各項福利、薪資水平與競爭力不足時，「補人」更是無盡夢魘。

金融海嘯過後，這些年來台灣景氣起起伏伏，公司發展也跟著景氣起落，人事政策方向不明，導致大智的人資部門時常陷入一個又一個棘手難題裡。現在的他最鬱卒，深陷陰霾不得志。

仔細想想，老天爺其實很公平，人生每段路程都有其意義，沒有任何一段路是白走的。如果你不花時間去創造自己想要的人生，到頭來就會被迫，花更多時間去應付自己不想要的人生。

22 年輕人要跟收入、前途過不去嗎？

阿偉不是第一個跟我說這些事的人，其實大家都有感覺，只是不願意明說。當優勢漸漸消失，我們的下一步是什麼？身邊越來越多在外商工作朋友的老闆從歐美人，變成大陸人。

當工作正忙得要命時，若不是好朋友邀約，我真的很想多做一些事。不過，什麼是朋友之間的義氣？就是阿偉需要我的時候，一通電話，隨傳隨到。

S型大轉彎

阿偉在大陸打拚多年，沿岸城市幾乎都跑遍了，這十年從兩岸飛歐美的長距離出差也有六十七趟，我看到他的護照，嚇到連自己的台胞證都不敢拿出來，簡直小巫見大巫。

他在科技業這二十幾年，坐穩高階主管的位置，看盡產業起伏興衰，最終還是免不了殺價競爭與代工的宿命，去年返台屈就另個產業的中階職位。

我常勸他「沒有小角色，只有小演員」，普通職位若能將其做大，一樣也有價值，只不過巧婦難為無米之炊，市場規模過小，要養得起他，真的很難。這一年他總是鬱鬱寡歡，直至上個月又回到大陸繼續奮鬥。

台灣大陸，大陸台灣，最後又殺回大陸，我戲稱為S型人生。

阿偉說：「五十歲啦，最後一搏，再不成功我就回台灣種田。」

「不會這麼慘啦！」我安慰他。

「憲哥，你太正面了。」

小麵店的新鮮事

阿偉最近去泉州拜訪客戶，在一個非常鄉下的地方有間小麵店，門框剝落，鐵窗生鏽，外頭紅色招牌看得出有些歷史了，旁邊裝有一台空調室外機。店裡面不大，有八張小桌，卻門庭若市。

重點是麵錢要用微信支付，老闆娘不收現金，門口招牌下方就有QR code，請顧客自己去掃。

阿偉跟我講這件事時，臉上不帶一絲笑容。他說在大陸用app叫車，搭配線上支付的經驗，彷彿劉姥姥進大觀園般，說了七、八次「大陸變了」，他只是一年沒去，對岸彷彿進步二十年，進步的不只電商、交通建設，許多面向都有長足進步，當然也仍存在許多問題。

阿偉不是第一個跟我說這些事的人，其實大家都有感覺，只是不願意面對或明說。政治人物想的，跟民眾想的，跟海外工作者想的，似乎沒有什麼共識與交集。

當優勢漸漸消失，我們的下一步是什麼？我身邊越來越多在外商工作朋友的老闆從歐美人，變成大陸人。你是否也有如此經驗？

年輕人的選擇

這幾年來，我常到大學演講，認識不少優秀的年輕人，最近有七、八位年輕朋友不約而同都到了大陸工作，他們並不是在台灣找不到工作機會，而是台灣的薪資、視野、格局，日漸失去了吸引力。

其中一位早一點過去的小剛，三十二歲，擔任基層主管的職務，只花了兩年的時間，年薪衝上兩百萬，二十八歲的阿宏與明德，也都有年薪一百四十萬上下。他們三位是大學時期的學長學弟，一起到大陸打拚。

不過在臉書上他們都不太想讓人知道自己在大陸工作，我問：「為什麼？」

小剛說：「同學們總覺得我們背離台灣。」

我回答：「年輕人怎麼可能跟收入、前途過不去呢？」

小剛最近離職，返台找我聊天，我問：「你的下一步呢？」

小剛：「從北方換到上海，繼續在大陸打拚。」

我：「不考慮返台找新工作嗎？」

小剛：「我不會跟錢過不去。」

這就是現實，也是小剛的選擇。

23 如何找回工作的初心？

支撐美珍在第一線護理崗位二十一年的動力，就是多年前杜醫師緊握著李伯伯雙手的畫面，讓她感動到今天……

美珍學校畢業後就到醫院服務，在醫院擔任基層護理人員已經二十一年，升任護理長也有七、八年了，在北部的醫院工作，壓力大，責任也大。

她跟我聊天時，談到了多年前的某個令她印象深刻的早晨……

病人家屬李媽媽喊著美珍：「護士小姐，等下醫生來的時候，可不可以給我多點時間，我想請教醫生一些問題。還有，您可以幫我換掉他（病人）弄髒的床單嗎？」

美珍笑著回答：「好呦，沒問題的。」

美珍的笑臉在視線離開李媽媽後，馬上變回屎面，臉臭得跟大便一樣，她心裡想：

「病患這麼多，醫生哪有空給你多一點時間？我是護士，可不是來幫你把屎把尿的傭人。」

看重工作，贏得敬重

杜醫師上午巡房時，美珍反映了李媽媽的要求，杜醫師馬上坐在病床前的椅子上，握著李伯伯的雙手說：「李伯伯，今天哪裡不舒服？我可以幫忙你什麼呢？」

隨後李媽媽與杜醫師的對談，醫師臉上從頭到尾都帶著微笑，沒有一絲不悅，這讓美珍感到十分愧疚，自己為何如此沒有耐心面對病人家屬？為何如此看低自己的工作？

連續好幾天，美珍一直想著這畫面，感嘆自己的不懂事與沒耐心。杜醫師壓力比自己大這麼多，為何還是很有耐心面對每個病患與家屬，難怪人家這麼有成就，能夠得到病人、家屬與醫護人員的敬重。

接下來的日子，美珍改變自己的心態，盡量用「同理心」面對每一個病患與家屬，盡可能在忙碌的工作中，用對待自己家人的心情，面對每一位病患。

李伯伯辭世之前，她記得很清楚，那天李媽媽很難過，但也看出她的情緒中即將放下重擔的釋懷與解脫。美珍與李媽媽一起幫李伯伯擦澡，用熱毛巾擦拭他身上每一寸皺褶的皮膚，她希望李伯伯往生時，能夠帶著家人的溫度去到西方極樂世界。

李伯伯當晚就拔管往生了，美珍沒有後悔她為老人家做的每一件照料的大小事。

半年後，李媽媽也到醫院擔任志工，每次在走廊看到美珍，兩人還會話家常。李伯伯生前最愛的一幅畫，是他老年時創作的山水畫，也遵照他老人家的遺囑，送給了美珍當作禮物，謝謝她一年多來的悉心照料，陪他走完人生最後一程。

回歸職業初心

今天台灣的醫院被迫成為血汗工廠，導因於醫療體系下的健保制度、醫師大量出走、醫師成為被告比例最高的行業、超時工作下的醫療品質，以及護理人員的長期短缺、醫療資源不均等，許多刻不容緩的問題有待改善。

身為一般民眾，我覺得新聞中常見的「醫院暴力」更令人寒心。醫療業被迫成為服務業，讓醫病關係日益緊繃。

聽到美珍的故事，格外令人感動與嘆息。美珍告訴我，支撐她在第一線護理崗位二十一年的動力，就是當時杜醫師緊握著李伯伯雙手的畫面，讓她覺得「這就是愛，人與人之間最初的愛與良心」。

「一句謝謝，能拯救一條即將死去的醫心。」挽救醫療崩壞下的台灣社會，你我都有責任。

第三篇

管理的平衡與取捨

24 部屬年紀大、資歷深，主管怎麼當？

員工無論資深、資淺，要求的都只是一個「尊重」，放諸四海皆準，這條最基本的道理，卻也最容易被輕忽。

「聞道有先後，術業有專攻。」這道理人人懂，偏偏現實生活中遇到，就是讓人很難服氣，尤其當主管年齡小部屬五到十歲時，到底要憑什麼讓員工乖乖聽從指揮？

二十一年資深員工，不甩菜鳥主管

某家產險的分公司，A主管從他區晉升，調任南區後，接任分公司經理，憑著他優異的表現與人脈，加上腰桿子夠軟，很快就得到同仁的喜愛，短時間雖有小小不順，三個月後，一切就進入狀況。

除了旗下最資深的李大哥以外。

李大哥來公司二十一年，距離退休已經不遠，嘴邊時常掛著這句話：「我的熱情，早就被公司給磨光了。」說也奇怪，對著前幾位主管，李大哥都是盡量配合，偏偏這位剛調任的A主管一來，他就開始陽奉陰違，讓辦公室氣氛異常詭異。

李大哥：「我就是看不起A啦，這麼年輕就當主管，A小我十歲耶，我進來公司的時候，他還不知道在哪裡？」剛開始A還能以玩笑話置之，但久了，李大哥越來越不避諱，甚至當面對著A說，A心裡相當不舒服。

這樣的日子一直維持了一年多，A也很痛苦。

某一天早上，只有A與李大哥在辦公室裡，李大哥正與中區的理賠專員通電話，提到理賠談判的個案，A在一旁聽得嘖嘖稱奇。半小時後，A主動坐到李大哥旁，跟他請教過去曾經處理的棘手案例，未料李大哥竟然眉飛色舞，侃侃而談，好似想把他過去所有關於理賠的經驗，一次傾囊相授。

A主管：「你沒想過調去區域中心，專門負責理賠談判嗎？公司很需要你這樣背景的人。」

李大哥：「副總又不認識我，公司都用高學歷的年輕人，我不行啦。」

經A向南區副總力薦多次，三個月後，李大哥調任南區理賠儲備主管，專門處理專員搞不定的理賠案件，甚至擔任總公司法務的地區窗口，專門處理棘手個案。

從此以後，李大哥處處言必稱A，並大力協助該單位的所有理賠案。

不缺業績又比主管資深的員工，怎麼帶？

台北一級戰區的資深理專美如，在該區域無人不知曉，十五年來，美如創造出極高手續費收入，但帶她的主管都這樣評價美如：我行我素，沒有團隊精神。

其實，業務只要業績做得好，不損及其他同仁權益，當個獨行俠也沒什麼不對，偏偏新到任的主管B不喜歡這樣的行為。

B主管年紀比美如小七歲，新官上任很有抱負，想好好改造美如，但始終事與願違，直到美如丟出十天的特休單。

整整十天耶？全分行竟然沒人知道她要去哪裡。反正她業績超標不少，分行經理也就准了。但B覺得奇怪，打手機都沒人接，便撥了一通電話到美如在雲林的家中，聽到誦經聲好奇一問，才知道美如的爸爸於日前往生。

B對美如說了幾句關心的話，問到告別式的日期與時間，便掛掉電話，隨即聯繫區長與副總。

告別式當天，公司主管一行三人，五點半從台北出發一路來到雲林土庫，鄉下地方路難找，靠問路與不太準確的導航，才順利抵達。

美如看到三位高階主管前來，非常感動，話也說不出來呆住數秒，只見大老闆對美如安慰幾句，並向家屬致意後隨即離開。

半個月後美如歸隊，對B的態度開始有了一百八十度的轉變。

對上、對下都管用的「換位思考」

這兩個故事，其實都是同樣的道理，員工無論資深、資淺，要求的都只是一個「尊重」，放諸四海皆準。尊重下屬是擔任主管最基本的道理，卻也是最容易被輕忽的。主管們別忘了，試著「換位思考」，等到自己成為資深員工後，你希望主管怎樣對待你，你就應該怎樣對待你的資深部屬，一旦連資深部屬都服你，就是管理實力的最佳證明。

還有一點，不要想獨自一人搞定所有事，遇到搞不定的狀況，臉皮別那麼薄，往上尋求協助吧！讓老闆知道你很在乎每一位員工，老闆也會覺得他自己很有用。切記，「換位思考」無論是對上、對下，都十分管用。

25 「與世無爭」沒有錯，「外熱內冷」可調整

影響員工表現因素，不外乎員工、環境、主管，身為莉玲的主管，頂多就是那兩成機率能夠改變她，我告訴李經理：「不要想改變一個人，因為那真的很難。」能做的，只有一件事情……

一堂在新竹的課程，我對所有人事物留下深刻印象，尤其李經理在課中休息時間提出的問題。

一位與世無爭的員工

第一階段課程結束時，我匆匆去了一趟廁所，回到位置預備下一階段，第四組的李經理興沖沖地跑到我座位旁邊，問了我個問題。

「憲哥，我是財務部經理，部門內連我有七位員工，大家的戰鬥力都不錯，工作氣氛也還好，就是有位員工莉玲，國立大學畢業，人際關係不錯，但與世無爭，對職涯目標無所求，我很擔心兩年內，後面兩個學妹的薪水與職位都會超過她。」

「與世無爭不是缺點啊」我說。

「是沒錯，但她不願意接受新挑戰、新任務的習慣，已經嚴重影響我的部門施策，我很難有新作為。」

「另外五位員工呢？」

「三位比莉玲資深，問題不大，兩位比她資淺，我擔心新人有樣學樣。今年十月份，公司的年度運動大會上，莉玲是活動總召，大會辦得很成功，高層在頒獎典禮上公開讚揚她，但莉玲在部門內的表現其實很普通，年底要打考績了，我要如何改變她？」

課程時間真的很緊湊，當下只能簡短地回應幾句，但回去後，我想了很久。

❶「外熱內冷」的員工

我稱莉玲為「外熱內冷」的員工，對外熱心公益，自己份內的事卻意興闌珊。我以前曾被老闆稱為「外熱內更熱」，我很理解這類員工心態。

試想，若是一場棒球比賽，我方六比三落後，九局下半兩人出局攻占滿壘，輪到莉玲上場打擊，她若轟出一支滿貫砲，球隊逆轉勝，你會給她的加薪比較多？還是一個在球隊裡，打擊率連續三年都維持在三成以上的好選手？

答案其實很簡單，就看那場逆轉的比賽是單一事件，還是常態事件？大家或許都知道，職場不會有天天出現逆轉勝機會的，靠得多是一步一腳印的慢慢累積。

倘若是冠軍戰，那就另當別論了。

坦白說，不要想改變一個人，那真的很難。影響員工表現因素，我總說是這三者：員工本身占五成、環境三成、主管兩成。身為莉玲的主管，頂多就是那兩成機率能夠改變她，或者透過環境，塑造一種大家都願意改變的氛圍，進而帶動個人願意改變，讓那百分之五十向上提升。

此外，莉玲在外頭很熱衷公司活動，在財務部卻意興闌珊，會考慮讓她調部門嗎？其實換手帶領同仁，不要視為沒面子，就公司整體的角度來看，把人放對位置，其實是任何一位主管應該有的思維。

我建議李經理，後面兩位學妹的職位與薪水若超過資深的莉玲，不應視為壞事，就像員工與世無爭不是壞事一樣，只是還沒有找到該員工的成就動機罷了。

試著放膽調整薪資與職位，從部門ＫＰＩ的角度直接思考年終考績，建立沒有雙黃線、可超車的良性組織循環，不要「試著」當好主管，而是要努力變成一位好的主管。

26 當員工像變心的女朋友

我們就像情侶交往著，好不容易一起走到這裡，卻只得到對方一句：「謝謝妳，雖然妳很好，但我還是要跟妳分手。」聽到離職原因的當下，我實在難以釋懷，尤其三位同仁都說，這份工作跟他們想的不一樣。

我幾乎每天都會收到讀者、聽眾或學員來信，有一封信尤其讓我感動。她是位連鎖店店長，公司資歷八年，主管資歷四年。我刪除部分關鍵訊息，跟大家分享。

一封來自連鎖店店長的信

憲哥您好，

近一年，三位潛力員工都在離職前告訴我，他們非常感謝我，對他們手把手的教導、陪伴，在提離職的時刻，對我感到非常抱歉，辜負了我的教導，但是他們真的覺得壓力很大，想換別的工作。

員工A（女），打工度假回來後面試，個性外向活潑，表達能力不錯，在職一年多。她說休假時常被客戶干擾，沒辦法好好休息，工時長，感覺也沒賺到什麼錢，每天回家累得半死，想找其他時間固定的業務工作，錢少點沒關係。

員工B（女），曾任工程師，後來因興趣，還學了美容美髮課程，個性較低調。她覺得工作上要思考的東西太多太複雜，處理不完客戶的要求。最近爺爺生病，乾脆離職回家幫忙，之後打算跟朋友合開美妝工作室，完成她的興趣與夢想。

員工C（男），相關科系的應屆畢業生，畢業前考取證照，大學期間寒暑假完成兵役，畢業後投入職場。個性活潑，父母都是醫生，家境優渥，家人對他的期待很高。最近感覺壓力倍增，因此跟父母討論是否要再出國深造，從事其他行業。

這三位同仁都很認真，我們的關係也很好，有任何開心跟不開心都是直接溝通，但是他們告訴我，這份工作跟他們想的不一樣。

聽到這話的當下，我難以釋懷，尤其三位同仁都這麼說。我覺得，我們就像情侶交往著，好不容易一起走到這裡，卻只得到對方一句：「謝謝妳，雖然妳很好，但我還是要跟妳分手。」

我真的不知道，要怎麼把這份工作變得跟他們想的一樣，或者，會不會是我打從心裡也認為，這份工作根本無法變成他們想要的那樣。

憲哥，我很痛苦，該怎麼辦？

帶領員工的三大原則

讀了這封信，我很慎重地想了一夜，以下是我的回覆：

年輕如妳，人生有許多事物等待妳去體驗，有些事情我講得再早，妳可能也是霧裡看花。員工決定提辭呈，按我過去經驗統計，「離職分數」不外乎幾項：五成與員工自己的生涯規劃有關，三成是環境，剩下兩成是因為直屬主管。

也就是說，妳對員工再好，有一半的離職原因，全糾結在員工自己身上。就好比是，公司再爛也會有人做很久；公司再好，也會有人想離開。員工只要一句「個人生涯規劃」，隨時想走就走，也無須太在意。

放眼相關產業，就業環境普遍辛苦、工時長，都是不爭的事實，這三成「離職分數」是非戰之罪，現今的分數一定不會好看，但若環境對留人有幫助，分數可能就會漂亮一點。

剩下的兩成分數在直屬主管上，依信中所述，妳這部分的分數一定不差。

說到底，也只有一句話能送妳：放輕鬆吧！

隨遇而安，帶領員工這件事，沒有標準答案，但求問心無愧而已。關鍵在於：「用人不留人」，產業生態的徹底改造，而非表面的創新改革，這些都是人生體驗。享受這些體驗，從中學習管理智慧與心境淬鍊，無論一時的結果如何，長期來看，都會是好的結果。

其實，妳這比喻說得好，帶領下屬就好比與人交往，全心相待卻換來「分手」，相當讓人「搥心肝」。我們無法百分百猜測到對方想法，人若說要走，心不在了，那真是怎麼也留不住。

憲哥唯一可以給的建議就是：保持若即若離的姿態，不用貼這麼緊，讓環境分數幫助提升直屬主管的分數，以「有興趣的工作、讚賞員工的成就、創造歸屬感」作為員工帶領的三大準則，而非僅僅技術性指導，妳自然就會更上一層樓了。

虛長幾歲的憲哥　敬上

27 為什麼員工能力越強，越容易離職？

相信我，優秀員工的離去不見得是壞事，就讓他走吧！而優秀員工該做的事，也就只有一件：「繼續證明你是優秀的。」

每逢農曆年後，日子幾乎都是在課程與媒體通告間打轉，很難有時間停下來，只能利用晚上錄影前的空檔，見見幾位老朋友。那次，我跟朋友先後約在台北的夢想餐廳，老實說，朋友還是老的好。

朋友不同，話題相同

兩個不同公司的朋友，他們彼此也不認識，同一天不同時間與我聊天，竟然都談到一樣的話題：「公司某位優秀員工，在年後離職。」

先碰面的甲說：「我們公司年度銷售冠軍今年離職，他只有前年沒得第一，幾乎年年奪冠。」

我：「為何前年他沒拿第一？」

甲：「車禍骨折，休息快四個月。」

而乙則是跟我說：「我們公司每年評選十位優秀員工獎，結果今年評選完，有四位離職了。」

我：「天啊，怎麼這麼慘！」

聽完甲、乙說的事情，我向他們問了同樣一句話：「那你為何還不走？」

沒想到，他們的回答都一樣：「我還不夠優秀，沒地方去。」

我不想以偏概全，也不想對上述兩個案例過度解釋，不過有一件事情可以確定：「能力越強的員工，越容易離職。」良禽擇木而棲，太容易達到的目標、沒有更進一步成長的空間，優秀員工肯定待不久。

優秀員工待不久的五大原因

整體而言，五大原因導致能力強的員工容易離職：

一、主管為顧及公平性，一不小心就忽略優秀員工內心的真實感受。尤其當優異成績集中在少數人身上時，容易讓他們產生錯覺，認為公司或部門能有今天，自己居功厥偉；而那些九十五%的一般員工，只是維持公司日常運作的普通人物罷了。只要一有比較心態，優秀員工自然難真正穩下心來替公司服務。這就是人性，離職率高無可避免。

二、位置不多，但自認優秀的人很多。所謂「千里馬易得，伯樂難尋」，能真正得到老闆賞識的人有限，畢竟不是每匹「千里馬」都能遇到伯樂，能有實權做事，又有資源，可說是極為幸運。當「自認為優秀」的員工不少，僧多粥少的情況下，只好換個地方試試看。

三、公司晉升不對的人，加速優秀員工離去。這類現象經常發生，優秀員工都會覺得自己才是真正「對的人」，不見得願意認同其他人。無論別人是否真的比較優秀，在他們眼中，只有自己才是對的。

四、優秀的人被挖角機會大。「人才」到處有，「將才」卻是到哪都會被搶著要，企業之間搶人大作戰層出不窮，這種事情主管階層也只能平常心以對。

五、棒打出頭鳥。華人文化裡，這類的情況總是很難避免，尤其優秀員工鋒芒難掩，稍一不注意，公司內部各種有形、無形氛圍會限縮優秀員工的發展與熱情，情況惡劣一點就成了「劣幣驅逐良幣」。

主管該有的正確心態

其實，無論是職場還是球場，在公平競爭的世界裡，合理薪資與優秀員工的供給數量，本來就很「經濟學」，供需法則是那雙「看不見的手」，說來說去都是複雜人性糾葛其中。

在此我仍建議主管，「用人不留人」，每個員工都要給他舞台，尤其是優秀員工。任何員工提出辭呈，往往是至少考慮兩個月以上的結果，就跟分手一樣，非到萬不得已都難說出口，無論離職單上寫的是何種理由，郎心已決，是很難挽回的；即使挽回，大家也都不快樂，就放寬心看待吧！

「來者不追，去者不留」，探討離職原因雖然重要，但更重要的是把目光放在現有員工身上，培育出比他更優秀的員工。因為，證明自己最好的方法，就是帶出一支更棒的團隊，培育出比他更棒的員工，否則他一走，你就垮了，不等於證明你自己根本是錯的。

相信我，優秀員工的離去不見得是壞事，就讓他走吧！他的學習，就由他日後的職場環境幫他上課，你無法左右他人，你只需快速復原。至於優秀員工該做的事，也就只有一件：「繼續證明自己是優秀的。」

28 升不上去，是老闆還是自己的問題？

俗話說「擒賊先擒王」，向上管理絕對不等於揣摩老闆想法，而是要反過來思考「你老闆的老闆」的立場……

「我跟老闆又吵起來了，這個月已經第三次了，我再也無法待在這樣的公司。」這是杰明跟我聊天時的開場白，最近他跟老闆的關係越來越惡劣。

科技新貴變成科技殘廢

我有很多朋友在科技業賺到錢，杰明是其中之一，但他是少數還沒升到一定職位的人，他的同梯、同學，都已經是上市櫃公司副總級以上的人物，最差的也是協理，而他只是副處長。

老實說，他的成就已經很輝煌了，新竹有間小別墅，妻子、孩子都很好，出入有名車代步，健康狀況維持不錯，四十多歲的他在外人眼中早已是人生勝利組，我問他：「你為何天天鬱鬱寡歡？」

杰明苦笑：「我從科技新貴，變成科技殘廢。」接下來的二十多分鐘，他不斷訴苦，叨叨絮絮盡是在公司遭受到的不平等待遇，「處長不喜歡我。」「他怕我卡他的位置。」「處長常常在協理面前拍馬屁。」「副總在的時候，處長都公開說協理多好又多好。」「我提的產品企劃案，老闆沒有一次買單，我覺得他們一定是要聯合起來要把我搞掉……。」這一類的抱怨，聽多了其實很頭痛。

頭痛不是因為叨絮，而是他要的回應只會有一種。果不其然，一小時後我擔心的事果然發生了，杰明要我給他建議，我知道他心裡面一定想聽我鼓勵他：「快點離職吧！」標準答案只有這一個，但我不想講標準答案。一來因為我了解杰明絕不是會輕易離職的人，二來他若想得到「離職」這個標準答案，大可不必請我吃一頓近兩千元的牛排大餐，任何一個誰都可以告訴他，甚至他自己心裡也明白得很。

當下，我實在無法在高檔餐廳做出超理智的反應，決定深思熟慮後寫下我的建議：只揣摩老闆的想法，是不夠的！

向上管理的要訣

杰明上頭有個處長，他一直覺得處長不喜歡他，其實這是抓錯方向。向上管理絕對不等於揣摩老闆想法，而是要反過來思考「你老闆的老闆」的立場。

職場就像戰場，作戰要先抓住主要對手，俗話說「擒賊先擒王」，頂頭上司每天翻來覆去想的事情，其實跟杰明想的也差不多，都是「老闆怎麼想」，所以杰明要想的就是「老闆的老闆怎麼想」（很像繞口令，再看一次這句話吧）。因此，我會鼓勵杰明，試著將自己站到協理或副總的高度來看部門發展，比較容易找對方向。

再來，處長不支持杰明的產品設計理念，他就鑽牛角尖認為：因為「老闆不喜歡我」。這又是抓錯方向，我們來想一想，部門內若有五十個新產品設計，老闆為了證明他喜歡每位員工，不就得每個產品設計都投入開發與量產？這樣下去還得了！

我鼓勵杰明再換一種思維：「如果老闆不支持你的想法，而產品設計果真夠好，那麼老闆要怎樣才會支持你的想法？」只要試著換位思考，結果必然大不同。

別把「老闆不喜歡我」掛嘴邊

我認為，其實杰明在組織內還不夠成熟，若是真的給他坐上協理、副總的位置，或許才是人仰馬翻、兵疲馬困的開始。原因只有一個：「A咖是不需要他人安慰的。」成熟的職棒選手，絕對不會在每次被三振後，回到休息室等著讓總教練安慰或摸頭；相反的，A咖會一直想著：下一步我該怎麼做？要怎樣才能迎接下一次成功？他也會拚命思索：這次是輸在哪個關鍵因素？

杰明各方面條件不錯，年資到了卻還沒升到一定位置，想必是有些自己都沒發現的盲點。千萬別把每件事怪罪在「老闆不喜歡我」上，即使用腳投票離開這家公司，到了下個戰場，除非自己做出改變、察覺盲點，否則世界不會因此有何不同！

我承認，人與人之間是奇妙緣分的連結，話不投機半句多；但我更相信，沒有人會「故意」害你，除非你真的惹人厭，或是變成他人或團隊前進的絆腳石。

29 天天私聊，就是老闆愛將？

小許回想過去跟老闆的談話，這才領悟到老闆的暗示，自己就是笨，老闆有問就答也沒多想。猛然察覺後，好像都來不及了，因為早已經脫口太多實話……

早晨的LINE，劃破了寂靜。

小許：「憲哥，早安，最近在報章雜誌還有網路看到你寫的文章，都很不賴喔！」

我連忙說聲謝謝，順便一問：「你最近好嗎？」

小許是我的學弟，小我十三歲，關係牽一牽，說學弟比較親切。每次他遇到職涯問題，都會來問我，那天上午我們討論到組織內部的暗自競爭。

敏感問題，如何回答？

他老闆在馬來西亞，負責管理亞洲事務，同事遍及亞洲九個國家，老闆最近有什麼事就私下問小許，造成他些許困擾。

老闆：「小許，今年的KPI比例是否需要修改？」「這個專案，交給香港，還是新加坡的同事比較合適？」「你覺得我若是換部門，誰比較適合接我的位置？」諸如此類的問題一籮筐，最麻煩的是，這些問題很敏感，怎麼回答都不太對。

他意識到這問題，開始聯想過去自己跟老闆的談話，猛然發現老闆好像在暗示什麼問題，而自己卻沒察覺，就是笨笨的，老闆有問他就答，也沒多想。猛然察覺這個情況以後，發現好像已經來不及了，因為自己過去講了太多實話。

小許在內部有個競爭對手是香港的同事雅萍，她很得大老闆的緣，也在公司待了七、八年。小許很拚、很認真，雅萍很會做人，各有擅場。

就這樣過了沒多久，公司宣布小許的老闆轉調行銷部擔任大主管，雅萍接任亞洲區業務協理，小許晉升一級，成為資深業務經理，升官，沒他的份。人事布達的第一天，雅萍還從香港打電話給小許，跟他說聲：「承讓了，未來請多多幫忙。」

誰才是真正的老闆？

這個例子，小許犯了四大問題：

第一錯，自以為是老闆愛將，欠缺對整體環境的評估。老闆的愛將與否，不是自己說了算，也不是老闆說了算，是要有成績才算。

第二錯，說了太多實話。老闆問你問題，徵詢你的意見固然是好事，尊重你資深的角色，並不一定代表你能在老闆面前說哪位同事比較合適從事什麼？不合適從事什麼？不是你能決定的事，說話一定要保守一些。

第三錯，沒看懂「誰是真正的老大」。雅萍長期經營老闆的老闆，而小許只經營自己的老闆。這本身並沒有對錯，但是要搞懂誰是組織內的 decision maker（決策者），在組織內是非常重要的事，不是要你拍馬屁，但至少要知道，誰才是真正的老大。

最後一錯，嚴格來講也不能算在小許身上，**地理位置已決定一切**。雅萍與大老闆就在同棟樓上班，小許在台灣工作，要越級經營上層或是報告事務更是難上加難，「經營」兩字說來沉重，但形容成「朋友關係」，大家就能瞭解誰比較有優勢。

說到底，搞懂職場的互相牽動關係，才是致勝之道，「天時、地利、人和」而已。如果都沒有，就請拿出成績，而且是別人只能看到你車尾燈的超級好成績。

30 老闆機車，你要比他更機車

此後每一個專案，凱玲面對機車老闆，她就對自己更機車，到最後反而演變成老闆請她不要事事要求盡善盡美、請她放輕鬆……

「若非霹靂手段，難顯菩薩心腸。」在職場上，遇到機車的老闆往往更能促使你快速成長。然而，並不是每個部屬都能接受老闆的機車，前提是：部屬對於老闆，有著高度的信任感。

兩年就變成最資深

有一家公司的訓練課程我接了好幾年，負責培訓的窗口來來去去換了許多人，唯有凱玲，在這家公司待了超過四年。她自豪地說，從第二年開始她就是人資部門最資深的員工了，其他同事都待不過一年，離職原因表面上是生涯規劃，實則是受不了協理太機車，要求太多、壓力過重。

凱玲說，她其實一開始也認為協理很機車、很難搞，課程簽呈可以來來回回修到第十版，連寄發課程通知信，都會被叫進辦公室檢討，要求重發。直到有一次，公司新任總經理上任，凱玲被指派自製交接典禮的影片，製作完成後協理居然沒有丟下任何意見。

然而典禮前一天，協理又看了一次，提出為什麼影片中沒有出現某位副總、員工表情和說話不夠自然真誠等等。不管團隊成員如何解釋，協理就是無法接受，只丟了一句話要求人資加班搞定。

凱玲從那個下午起不眠不休加班修改，直到典禮前一刻才搞定影片。凱玲的苦工沒有白費，影片效果出奇的好，總經理隔日特邀人資部門聚餐酬謝。

凱玲說：「我從那一次專案的經驗中，深刻體悟到協理的挑剔、苛刻，是因為要求完美和最佳效果，而非機車、找麻煩。」兩個版本的影片有天壤之別，對於自己的能力和極限竟然可以達到如此境界，凱玲感到不可思議。不過，其他同事經歷類似狀況時並不這麼想，只覺得協理要求過分、雞蛋裡挑骨頭，在長期的煎熬下都無法久留。

此後每一個專案，凱玲面對機車老闆，她就對自己更機車，到最後反而演變成協理請她不要事事要求盡善盡美、請她放輕鬆，她也開始學習從旁觀察、記錄協理的喜好與性格。

好比是，安排部門聚餐時，凱玲會私下先請教協理的意見和時間，再不著痕跡地讓同事們從中做選擇；聚餐當天，安排私交較好的同事坐協理旁邊；在新人培訓課程上分享著自己老闆的好與要求。

這些行為舉止協理都看在眼裡，雖然平時嘴巴沒稱讚過凱玲一句，但協理對凱玲的讚賞直接轉換至每年的考績，四年後凱玲就升上副理。這是典型的「向上管理」，搞懂機車老闆到底在乎的是什麼，而非一味迎合拍馬屁。在做之中，凱玲也學到更多。

遇到機車老闆，想法不同，結果不同

常常，我聽完朋友抱怨老闆的做事風格或對事情的要求後，都只是笑笑，不多做回應。或許根本上是自己的視角拉得還不夠高和廣，對於自我感覺良好的部屬，老闆的機車，正是治癒他們的良藥。

當老闆機車，你就得更自我要求。因為所有的事情沒有最好，只有更好，當一件事情完成後，就得不斷問自己：「還能不能更好？」老闆會考量的面向都顧及到了嗎？思考後，自己先做一次修正與調整，職場中的快速進步與提升，往往都在嚴謹的自我要求之後。

當然也得注意，所有的工作都有機會成本，一再修正的同時，也要考量工作的輕重緩急，懂得取捨，千萬別顧此失彼，因小細節而錯失大方向。

我有一位講師好友，他總是自稱自己「十分機車」，對學員從不客氣，一旦學員呈現的簡報未達標準，他便會直接以「請重做」三個字回覆和要求。學員一時挫折難免，但學員也在這樣的磨練下迅速成長，快速突破自我限制。只要在學員對講師有充分的信任基礎之下不斷努力，學員的進步才會指日可待。

「不經一番寒徹骨，哪得梅花撲鼻香」，遇到機車老闆，就是自我磨練、成長的最佳機會。雖然職場寒冬徹骨，但這些老闆也是人，試著從他們無比嚴厲中找到溫柔的一面，順著他們的思路走，終能換得花香撲鼻的那天，這也才是真正的職場學習。

31 主管沒擔當，是誰縱容的？

「協理就是另類的媽寶，沒擔當都是部屬縱容出來的。」

「就像媽寶，都是父母造成的，是嗎？」

「不怕遇到神一樣的對手，就怕遇到豬一樣的隊友。」這句話，其實也適用於主管。

主管是「同仇敵愾」的箭靶

揶揄、調侃、諷刺主管，已是職場工作者茶餘飯後的娛樂，畢竟員工人多、主管只有一兩個，矛頭指向主管這最顯而易見的標靶，往往得到較多共鳴，容易激起一股「同仇敵愾」的氛圍，很快就能得到同儕的支持。

不過，聽到員工在酸主管的同時，我常想：「主管真有這麼差嗎？」

這十幾年在各大企業授課，聽到的案例很多，有時聽聽就算了，我常不置可否。畢竟員工看事情容易主觀，也往往不夠全面，但日前聽到一個例子，很值得跟大家分享。

安迪是科技業的人資課長，負責招募工作，服務該企業近七年；貝蒂則剛進公司半年，擔任訓練課長。

安迪與前任訓練課長很早就跟直屬協理處不來，因為協理遇到重大事件就閃避，讓底下課長扛責任，類似情況已經發生過好幾次，恨得大家牙癢癢。尤其某次政府機構的勞安檢查，明明以往都是協理自己負責，工作項目根本就跟招募、訓練無關，但那次協理卻要招募與訓練課長出席，去面對政府機關的無理指責與督導。

安迪常說：「我實在很賭爛她。」但轉頭考量到自己的房貸與經濟壓力，再怎麼氣也忍了下來，想想薪水落袋比較實在。真的氣到將離職付諸行動的，只有前任訓練課長，貝蒂就是補其空缺，大家都提醒她要小心。

結果半年過去了，貝蒂與協理竟然相安無事，相處狀況漸入佳境。在一次人資聚會上，大夥紛紛鼓譟，央求貝蒂分享與協理的相處之道。一談之下，大家才驚呼：原來還可以這樣處理！

四招軟硬兼施

貝蒂說，第一招就是「投其所好」。女性談論的話題，往往與男性不盡相同，無關拍馬屁。貝蒂經常看到協理一個人坐在那裡，很少有同事主動跟她談話。大家都知道協理喜歡看電影，貝蒂只是私下跟她去看了幾次電影，兩人之間的話題就多了。

貝蒂的第二招是「公開致詞」。人資角色不彰，由於經常負責開辦訓練課程，貝蒂就趁每次開課前，邀請協理致詞，開場後，貝蒂也會在其他部門主管面前提及：「協理掌管的工作很多，除了不會罵我們之外，其他大小事都力挺部屬，工作能力很強。」久而久之，公司主管都知道協理能力包山包海。

前兩招，貝蒂用來拉近她與協理的關係；後兩招，貝蒂則用來堅守底線。

第三招「劃清界線」。不是自己負責的文件不簽，貝蒂說，白紙黑字是有證據的，但協理經常請基層主管暫代，只要簽過一個「代」字，後面的事都難以撇清關係。因此除非備忘錄或是聯絡單上有說明職務異動或權責，她絕不讓協理有遇事閃避的藉口。

最後一招就是「上達天聽」。說白了，就是遇到個性無擔當的主管，直接抓老闆進來。協理上一階是副總，雖然副總幾乎不管人資業務，但只要是重大決策，也將副本傳給副總，這對於基層主管自保，有很大幫助。

其實這四招精華，不如貝蒂曾經跟我講的一句話，令我更印象深刻。

她說：「協理就是另類的媽寶，沒擔當都是部屬縱容出來的。」

我笑說：「就像媽寶，都是父母造成的，是嗎？」語畢，我們大笑。

32 留住員工不靠加薪，靠什麼？

「貴公司應該還好吧？零售業毛利很薄，一方面要留住員工，二方面要提高獲利，既要馬兒好又要馬兒不吃草的雙重困境，只剩下三條路可以走。」

我的臉書私訊常塞爆，不是友人通知換工作，就是抱怨公司摳門，反正這樣的信我常常見到，早已見怪不怪。

我認為，薪資水平本應由人力市場供需來決定，若是求職者具備的競爭力跟市場大多數人都相同，或是迷信萬般皆下品、唯有讀書高的思維不變，加薪根本緣木求魚。

賺錢的公司都怎麼做

有一次，我到一家零售通路業去上課，遇到總經理德麟，除了謙虛向他請教經營之道之外，還有機會共進午餐。

德麟：「以您多年幫我們公司上課的觀察，您覺得年後零售通路業基層的高離職潮，有何因應之道？」這下害我吃不下飯。

我：「貴公司應該還好吧？零售業毛利很薄，一方面要留住員工，二方面要提高獲利，既要馬兒好又要馬兒不吃草的雙重困境，我覺得只有三條路可以走。」

德麟放下筷子，仔細聆聽著。

我：「有趣的工作，讚賞員工的每個小成就，建立歸屬感。」

德麟聽了笑一笑說：「有趣的工作？這比較難，我們這行有許多重複性的工作，基層工作很難有多麼創新的工作型態。不過，另外兩個跟我的想法很接近。」

我問：「貴公司是如何做的呢？」

德麟一面吃著便當，一面跟我聊著，「有回我跟一位年輕的基層主管進行離職面試，她跟我反應每回她去參加同學會時，同學問她在哪裡工作？她竟然連一張像樣的名片都拿不出來，還要用公司公版的名片，在上面寫自己名字，她感覺很差，一點都沒歸屬感！」

「於是我同意該員工的要求，為每位服務超過一年的員工，印製各分店特殊形式的差異化名片。」德麟接著說：「大家都說零售通路業離職率高是正常的，我倒是覺得若可以有效降低離職率，會是我們很大的競爭力，當然薪資水平在與同業相去不遠的情況下，可以推動導師制度，選派學長學姊照顧每一位新人，直到他們到職滿六個月可以單飛為止。」

如何提高成就感？

「據我所知，你們的年資獎勵制度也是很有名的，是吧？」我問。

「對，」德麟說：「我們願意鼓勵並讚賞每位基層員工的小成就，例如到職滿一年、兩年、三年、五年……都有不同獎勵，就好像結婚紀念日般的慶祝。我也會要求每位店主管對於員工的生日以及特殊日子，無論聚餐或舉辦活動與否，一定要讓全店同仁參與該員工的人生里程碑。」德麟眼中閃著驕傲的神情。

雖然，在零售業中「年資」的代表意義不大，但德麟的公司在員工的黃金貢獻期（年資一到五年），管理方式的確著墨很深。或許，這就是「老闆說什麼並不重要，重要的是公司帶給員工何種感受」這句話的威力吧！而德麟的公司與其他同業相較，工作氛圍也確實有差，年年有所成長，員工流動率也較同業相對低很多。

不過，那天晚餐我們共同的結論仍是：「若能適度加薪，還是最好啦！」

33 如何用人，才能留人？

「不過講這些都沒用啦，公司根本不信，兩位副店再怎麼挺，我也撐不下去。沒辦法左右公司，總可以左右我自己吧！用腳投票囉。」小黑長嘆一口氣說，他也決定離職了……

每一次出差，我都會「把握良機」與異鄉友人碰面。有次去曼谷，與好友小黑所談的一席話，至今仍難以忘懷。

那時小黑剛轉換跑道，到大型量販店擔任商品企劃，他年紀輕輕卻很有想法。

「你之前不是在零售通路擔任店長嗎？」

「過年後離職了，我受不了公司的政策。」

「為什麼呢？說來聽聽。」

小黑不是個會抱怨的人，印象中，他總是充滿幹勁，面對問題逐一擊破，最常掛在他嘴邊的話是：「與其哀嚎，不如想辦法實際解決它。」那一晚，我們聊了足足兩小時，直到我兒子催促快點回飯店睡覺。

小黑的前公司是一家台灣頗負盛名的連鎖零售通路，擴展速度很快，全台展店數量不斷向上刷新。隨著店增，員工缺額也不斷增加，招募的員工人數始終跟不上，往往一間店的員工缺額，要等三個月才有人來應徵。

缺額難補的惡性循環

公司雖知道缺額問題嚴重，好不容易有人應徵，面試卻是草草了事，有人就將就用。結果，往往錄取到不適合的人，進來之後新人難帶，店長即使費心教育，也是巧婦難為，畢竟不適任的新人是很難拉拔的。於是新人又離職，一離職又出現缺額，遇缺額便開始補人，補人過程又是一段漫漫長路。

如此惡性循環，店長小黑只好拚命加班，什麼工作都自己撿起來做，可是店長不下班，看在其他員工眼裡也是壓力爆表，不意又導致另一波員工離職潮。鄰近分店狀況也好不到哪裡去，更不好意思調他店人員挹注人力。惡性循環的結果，全公司上下氣氛很糟糕。

「你店裡一共有多少人啊？」

「包括工讀生，大約十二到十五人。」

「資歷不到半年的新人占多少？」

「將近六成吧。」

「那還不錯啊，總是有想好好做、好好學的人吧？」

「當然有，但是在公司對應徵者來者不拒的情況下，有時反而劣幣驅逐良幣，我很擔心想好好做的人，最後都會因為不適任的人進來，或是因為惡性循環而離職。最離譜的是，公司不准我們店裡有人離職，離職率高的店長會被換掉。降低離職率已經成為年度最重要的ＫＰＩ，甚至比毛利率還重要。」

「不能有人離職？離職率變成KPI？這賭注真是大啊！如果人變少，留下真正想做的人，加上工讀生，你有把握把店的績效帶起來嗎？」

「我評估過，就算只剩十個人我也不怕，我的兩位副店都很強，他們跟了我很久，但只要有不對的新人在店裡，我就需要花兩倍力量消毒或是教導他們，真的太累了。」

小黑最後嘆口長氣，低聲說了一句：「不過講這些都沒用了啦，公司根本不信這套，早就反應過許多次，兩位副店再怎麼挺我，也撐不下去，我也已經離職了。我沒辦法左右公司，總可以左右我自己吧！用腳投票囉。」小黑聳聳肩。

當離職率變成KPI

聽完小黑說的話，當下其實我滿震驚的。我當然完全理解連鎖零售業經營的型態與難度，員工招募不易與離職率偏高，加上社會型態與就業市場轉變等問題，公司尤其不樂見全台每家分店離職率的偏差值過高，造成管理不易的問題。

但離職率成為ＫＰＩ後，所衍生的問題與現象，更是比「缺額難補」問題大多了。畢竟，離職率是果，不是因，因果關係弄不清，管理離職率這數字就是不對。問題發生時，該解決的絕對不是「提出問題的人」，應是「問題」本身，離職率是動態指標，那麼複雜的因素，怎麼能全讓店長一人來扛？

沒有離職率的公司，也不可能是好公司。當離職率變成店長ＫＰＩ時，店長會無所不用其極盡可能留下所有員工，造成另一個管理災難，或是劣幣驅逐良幣。適度淘汰才是良方，硬留下不適任員工，無異是場災難。我甚至可以說，台灣現今根本不需要這麼多零售通路店，這都是展店數這個ＫＰＩ，拚命ＰＫ後的下場。

小黑前公司該反過來想，學不到東西、沒有發展、薪資水準與產業結構無法帶來成就感、有小小成績得不到主管讚賞、沒有歸屬感，這些才是年輕員工的離職關鍵。解題方法或許得從如何善用每位員工專才有關，而非把關鍵放在離職率上頭。

因為最終壓垮小黑的，正是公司「留人不用人」的態度。

34 讓自己「不舒服」一點，就是最有效的激勵

那堂課，我開宗明義講：「不要騙我沒做過業務，激勵課程我上得比你們多更多，我自己非常清楚什麼話語對我有用、什麼是垃圾。」課堂上，我只是實話實說……

每逢季底，所有的激勵課程紛紛出籠。公司總希望透過激勵課程，讓業務同仁也好、基層主管也好，幫助自己或帶領的團隊，迸發出如煙火般光彩炫目的成績，但真的有用嗎？

激勵課程的迷思

人資：「憲哥，激勵課程在我們集團的初階管理層是必修課，學員問卷總表示學不

到東西，但最下面一題開放式問題，每年最希望公司開的就是激勵課程，這很矛盾。」

我問：「你真的覺得激勵課程有用嗎？」

人資：「當然有用啊，只是效果不長。」

我：「那就是沒用。」

我曾經花了四個半月的時間，準備了一堂史無前例說實話的激勵課程，課後我收到一封信，瞬間明白了所有的答案。

寄信給我的是一位四十一歲的基層主管，分公司在嘉義，在集團服務了十三年半。他在信上這樣寫著：「我一向抱持激勵課程無用論……，然而上個月，我老婆生病，原本的雙薪家庭，頓時失去一根支柱，我剛買兩年的房子，今年開始要本利攤還，負擔變大，兩個小孩，一個國一、一個小五。」

「我改掉了原先下班應酬的習慣，晚上也不追劇、不看政論節目，提早上班，晚上回家繼續跟客戶聯繫，我要賺錢彌補缺口。十月份我單位的成績從全國第二十七名，進步到全國第二名。」

「區督導知道我的事，給我更多的體諒，還在月會表揚我，甚至到家裡來看我老婆。憲哥你說對了，人是很難改變的，除非遇到一個 trigger（觸發點），我寫這封信是來謝謝你給我的啟發。」

其實我什麼也沒做，課堂上，我只是實話實說地講出了激勵的迷思。

我到底說了什麼？

那堂課，我開宗明義就講：「不要騙我沒做過業務，激勵課程我上得比你們多更多，我自己非常清楚什麼話語對我有用、什麼是垃圾。」

首先，我們先分析一下，充電教室裡的三種情況：

第一種，我稱為「電池」。那就是「鼓勵」的課程，討拍拍、好棒棒、心靈雞湯文，走出教室會感覺很有電，但隔幾天又沒電了。

第二種，是「充電器」。這是「激勵」的概念，課堂中會迫使你找到插頭，但必須準備一條充電線，還有電器本身必須是好的，這個充電器才能發揮功能。換句話說，若是心已死，名醫都救不了，沒有線、找不到插頭，充電器再好也是無用。

最後一種，就是長效型的「發電機」。著重在「啟發」的概念，也許旁人會說真話，但你聽了很不舒服，如果能找到激勵的動機，自己就會產生電力。不過，要達到這境界，通常必須遭遇一些事，我稱之為trigger，就是那位嘉義基層主管所說的，迫使找到自我激勵動機的某個事件。而這事件最大的敵人便是「溫水煮青蛙」，最好的朋友就是「不舒服」。

「不舒服」是改變的開始

當你感到環境很舒適的時候，那正是躺在溫水中慢煮；當你感到不舒服的時候，才是改變與自我激勵的開始，當然也可能自我放棄。

還記得管理學最經典的那則「鯰魚效應」故事嗎？古時候，日本漁民出海捕鰻魚，因為船小，回到岸邊時，鰻魚幾乎都死光了。後來，漁民在裝鰻魚的船艙裡，放進幾隻鯰魚，鯰魚在陌生環境中會四處游動，鰻魚因此緊張地瘋狂跳動，小小船艙被搞得水花四濺，氧氣不斷被打進水裡，反而保證了讓鰻魚活蹦亂跳地抵達岸邊。

所以，我建議主管們，讓職場變得「不舒服」一點，打開那部「發電機」的開關，而非只是讓同仁彼此討拍、取溫暖。至於厲害的A咖，他們一點都不需要這些「鼓勵」與「激勵」，因為他們一直開著「發電機」，向前衝的動力早已源源不絕。

第四篇

人際關係的平衡與取捨

35 人與人信任感的大考驗

美怡感慨萬千，她早就消極地將整件事情當作遇到詐騙集團，完全沒料到是這樣的情節發展。她老公低頭不語，直說：「這社會的人情味，就是被詐騙集團給徹底毀滅的。」

人情的溫暖，存在台灣每個角落，何必執著報導的負面消息呢？

金融海嘯那一年

美怡在金融業任職十三年，大風大浪看多了，她常跟我說「定存最好」，我總是笑笑回應。一次朋友間的餐會，她與我們分享一次特別的經歷。

當年金融海嘯剛發生，有一天她從東區的金融業作服部門下班，晚上十點多，突然很氣自己為何從事這行業？工時長、全球不景氣，加上高度競爭，全行處在水深火熱之中，雖然外表光鮮亮麗，但清爽專業的套裝底下，卻是一顆孤獨的心。

不搭捷運，她跳上排班計程車，只想立即衝回家好好睡一覺。計程車司機約五十多歲，手機不停在震動，數次後，運將大哥回頭詢問美怡：「我可以接通電話嗎？」

「大哥，沒問題。」接下來，美怡聽到了一連串的啜泣與哀號聲。

運將的老婆打來，隱約中她聽到幾個關鍵句子：「再湊不到錢，爸爸要被退冰了，你趕快回來啦。」電話那頭的哭泣聲很令人害怕，寂靜的車廂內，美怡忍不住打了個寒顫。

美怡：「大哥，你發生什麼事了？」

運將：「爸爸前幾天過世，沒錢下葬，禮儀公司來問我們遺體的後續處理，我真的不知道該怎麼辦？」

美怡大腦一片空白，隨即付了車資並請運將停在路邊等一下。她衝上敦化北路的銀行，內心一邊掙扎著「到底要不要幫一個陌生人」，手卻不聽使喚地輸入ATM密碼，領了好幾次錢。

美怡自己也記不得領了多少錢，她把大約三、五萬交給運將。「我根本沒錢還妳！」運將不肯拿這筆錢，美怡卻執意請他收下，擺擺手說：「先拿去應急再說吧！」

運將：「妳貴姓？」

美怡：「莊小姐。」

詐騙集團的新伎倆？

美怡回到家後，腦中出現的都是遺體要被退冰、不能下葬的畫面，內心很糾結。她老公叨唸她遇到詐騙，車號也沒記，司機什麼名字都不知道。一面被罵笨，一面很感傷，她知道這一年，大家都不好過，因為她自己也是。

過了幾個月，美怡幾乎快忘了這件事。直到有一天，她聽見辦公室大樓的警衛，不停在搜尋整棟樓叫「莊小姐」的同事，這才又回想起這起「詐騙事件」。

幾天後，運將大哥聯繫上了美怡，他們在大樓下重逢，這回運將大嫂也來了。他們帶了兩袋的饅頭，還有好喝的酸梅汁，要來謝謝美怡，並還給了她五千元。

運將：「莊小姐，妳借我的錢，我會分期付款還給妳，爸爸的後事已經處理好，還好有妳的幫忙，其實那幾天我連遺書都寫好了。」美怡在一旁聽到都嚇傻了。

運將：「我原本在證券業工作，因為下錯單，老闆要我賠，金額太高我實在賠不起，走投無路。爸爸幫我去跟親戚借錢，結果在路上遇到砂石車擦撞我爸的機車……。爸爸過世後，我真的很想跟他一起去，若不是那晚遇見妳，我真的沒有今天了。」

美怡感慨萬千，她早就消極地將整件事當作遇到詐騙集團，完全沒料到是這樣的情節發展。她把這事告訴老公，老公低頭不語，直說：「這社會的人情味，就是被詐騙集團給徹底毀滅的。」兩人互看一眼，露出微笑。

換作是你，會這樣做嗎？

二十一世紀的全球社會，進入更快速的時代，科技進步，人與人之間看似越來越接近，道德卻逐漸崩壞，人性的善與惡不斷在我們心中來回激盪。追求金錢財富的同時，背後的風險與承擔，非一般老百姓所能承受。

當天美怡的故事才說完，我抬頭問餐會在座的朋友們，「換作是你，會這樣做嗎？」答案是一比六，七個人當中有六個人選擇「不借」。

我再問：「若是知道大哥的真實狀況，又會怎麼做？」答案變成七比〇，每一個人都選擇與美怡一樣的做法，借錢給運將。

餐會結束後，其實我滿感慨的，人與人的信任感為何崩壞至此？人際關係建立在互信的基礎上，一旦朋友、同事間的信任受損，是不可能破鏡重圓的，追逐金錢與權力的現代社會，保有良善的心，才是身為人，最美的質感。

我又一次願意相信，台灣最美的風景確實是人，只是，得看是什麼樣子的人。

36 朋友，是在一起不說話也不會尷尬的人

「朋友是朋友，同事是同事，不用把朋友當同事，也不用把同事當朋友，兩者本質是不一樣的，如果有算賺到，沒有算正常。」咖啡店門口，我跟小真相視而笑，我知道，她聽懂我說的意思了……

電視台錄影前的一小時空檔，我跟學員小真在巷口咖啡店聊天，她約我好幾個月，對她很不好意思，本以為是為職涯轉換尋求建議，沒想到是人際關係上的煩惱。

喜歡誰，就跟誰

她在金融業服務，十七年的資歷，畢業後只轉換過兩家銀行，目前這家待了三年，擔任業務主管，成績不錯，雖不至頂尖，但也游刃有餘。

她明顯感覺這個業務區的理專主管有分派系，由於自己是三年前才到職的，目前屬於無黨無派，身上沒有任何標籤，輕鬆寫意，相對的，也比較沒有歸屬感。

最近因為區內大主管調動，老闆都會延攬自己的人馬，小真一次都沒被徵詢到，難免有些惆悵。小真有兩個孩子，跟其他單身或是頂客族同事格格不入，晚上的聚會也大多不能參加。她身為業務主管，其實做好本分工作，並無不妥，但就是感覺人際關係差了「那麼一點」。

每次開會，看到其他分行業務主管有說有笑，自己都聽不懂，久了也是滿腹委屈。

「憲哥，我看他們都是臉書好友，唯獨沒有加我，我會不會被排擠？」

「年過四十五歲，你跟誰在一起舒服，就跟誰在一起。」

「憲哥，我還沒四十五啦！」

「我是打個比方。」

小真聽到我這樣回答，笑著回說：「四十五歲是怎麼算出來的？」

工作二十年的體悟

我還真的數給她聽，一般二十二歲大學畢業，男生服完兵役或是念完研究所，加上蹉跎一兩年，無論男女，四十五歲都應該工作二十年了，要是還搞不清楚自己要什麼，真的很悲哀啦。

小真聽了我這番話，一則以喜，一則以憂。喜的是，自己還沒四十五歲，憂的是，真的不知道自己要交什麼朋友。

「憲哥，什麼叫做舒服的朋友？」她說出這句話，害我笑出來，我察覺自己笑太大聲，馬上板起臉孔說道：「你跟誰在一起，彼此不講話都不會尷尬，這就是舒服了。」

「君子之交淡如水，是嗎？」

「應該是吧？」

我反問：「這樣的朋友需要多嗎？」

小真：「不用，幾個就好。」

「那就對啦，三、五個已經很多了，幹嘛去在意誰跟誰在臉書上是朋友？你覺得那是真的朋友嗎？」我最後補充了一句：「朋友是朋友，同事是同事，不用把朋友當同事，也不用把同事當朋友，兩者本質是不一樣的，如果有算賺到，沒有算正常。」

那次的邀約，其實約了很久才約到，本來是我要請她的，最後還是她付錢，我真的很不好意思，小真說：「憲哥讓我請，你都不會尷尬，你就是我小真的好朋友了。」咖啡店門口，我跟小真相視而笑，我知道，她聽懂我說的意思了。

那次電視台錄影恰巧聊的就是「人際關係」，我也順勢提及跟小真的對話，主持人頻頻點頭。

臉書症候群

近幾年《被討厭的勇氣》、《情緒勒索》書籍大紅，我覺得都與人際障礙多少有些關聯，當然，臉書全面攻占社群網絡造成不當比較，更是幫兇之一。

臉書其實是個「炫耀」工具，朋友不斷出國、高頻率美食照、悠閒過日子、讀了多少書、上了多少課、四十歲還凍齡……，發文的同時也是為顯示自己過得好。所謂「分享無心，讀者有意」，這些炫耀文看久了，難免相形之下自覺慚愧不如人。

其實，我們可能都沒有想過，說不定這些發文分享，某種程度也是經過改編的劇本，而非真實故事。回到真實生活上吧，不是比較實際嗎？

想起當鋪狀元秦嗣林大哥的《學上當》，他說：「黃金夕陽期的五個體悟：重拾書本、交朋友返璞歸真、重新建設家庭、回饋社會、打造自我。」別走著庸俗可憎的舊路線，貢獻自我價值，活得瀟灑自在，「惜取夕陽期，莫惜金縷衣」。

37 需要喘口氣時，誰能出手救你？

無論是職場還是人生，「善待他人，廣結善緣」是不二法門，先學會「給予」，或許最後得到最多的人，反而是自己。

有一種「關係」令人又愛又恨，沒有血緣，相處時間卻比家人還長，有時非常需要他，但有時又必須保持距離──那就是「同事」。

沒有互動的同事關係

許多人會說「職場是冷漠的」，小忠也認為如此。他來公司三年多了，偌大的辦公室裡，同樓層能說話的同事只有同部門的人，其他人幾乎從未打過招呼。

週日下午，小忠因為要趕一份報告，特別騎機車到公司加班。儘管老婆特別叮嚀晚上六、七點一定要回家吃晚餐，並且接力帶小孩，好讓老婆跟姊妹去逛街，但小忠還是一工作就到晚上十點，壓根兒全忘了老婆的叮嚀。要離開辦公室時，他看見角落還有燈光，特別上前確認，發現財務部的美娟還在。小忠從來沒跟她說過話，雖然有些尷尬，仍鼓起勇氣問了一句：「我要關燈了，妳要走了嗎？」

「我還要一下子，燈我來關吧。」美娟說。

小忠看見美娟眼角泛著淚水，似乎剛哭過，悄聲問了句：「還好吧？」

「沒事的，你先走吧！」

「妳吃晚餐了嗎？」

「還沒。」

小忠回到座位，拿了一碗泡麵與一包餅乾，還寫了便利貼：「加油！記得吃飯。」默默把東西交給美娟，互看一眼就離開，小忠心想：「原來可憐的不只有我一人。」

隔週日，小忠下午又到公司加班，出門前老婆開口：「公事重要，還是小孩重要，你自己想清楚。這種婚姻，我受夠了。」小忠嘆口氣，還是出了門，另一半的責難、公司繁雜的業務，任誰都難以取捨，職場壓力有時就是顆無形核彈頭，隨時都有可能發射，摧毀你的全部。

下午四點四十分，只差一個排版就能完成，小忠卻怎麼弄也弄不好，百坪大的辦公室裡，小忠大喊了一聲國罵：「×！」無人的空間加上回音，彷彿到處皆可聽見。

一分鐘後，美娟出現在電腦螢幕後：「你在幹嘛，要不要我幫忙？」

「這個排版，我一直弄不好。」

「我來幫你。」

十分鐘後，美娟幫小忠完成排版，五點多，小忠終於能夠回家吃晚餐。

溺水需要浮木，職場需要同事

美娟跟小忠說：「上星期男朋友跟我分手，又遇到薪水結算日，同部門沒有人可以幫我，老闆又兇，我也不敢跟他多說。謝謝你關心我，真的很謝謝你。」

小忠聳聳肩：「我也差不多啦！小孩子剛出生，家裡的事、公司的事，兩邊都讓人焦頭爛額。」幾句對話，傳達了同事間的溫情與安慰。這次，小忠仍舊先離開，留下美娟獨自關門。

一個月後，美娟離職。臨走前她寫了一封信給小忠，謝謝他的關心。後來美娟跟我提到這件事，我告訴她，人到三十歲上下，正處於人生、家庭、感情、工作、事業五大危險十字路口，想找到方向，就得先學習遇到問題說出來，或許有人能幫助你。

無論是職場還是人生，「善待他人，廣結善緣」是不二法門，先學會「給予」，或許最後得到最多的人，反而是自己。人與人之間的緣分都藏在不起眼處，溺水需要浮木，職場需要同事，雖然不是最終解決之道，但有時候能喘那一口氣也就夠了，才有辦法繼續闖下去！

38 人在江湖走，不能沒有「人際敏感度」

小柏很認真、很努力，卻少一根筋，讓他的業績總是不上不下，猶如一條隱形障蔽，怎麼樣就是跨越不了……

某日與學員的飯局中，大家聊到一位新的業務部同事小柏，突然間，快乾掉的話題，硬是燃起熊熊烈火，大家聊得幾乎停不了。

很扯的學弟與人際能力

阿傑是公司的老業務，最近把客戶交棒給學弟小柏，他非常認真地把遠在苗栗的客戶服務得非常好，客戶也回過頭來感謝阿傑。本以為一切順利，沒想到隨後竟讓阿傑困窘萬分。

客戶：「你身為老業務，要把學弟教好一點啦。」

阿傑：「怎麼了嗎？」

客戶：「你們家的小柏很認真地從台北來幫我檢查機台，出於禮貌我送他一份公司新款的隨身碟與行動電源。這本來是預計年終要送給客戶的小禮物，我拿了一份給他，這老兄竟然跟我說，可不可以多給他五套？他想送給小孩當作學校抽獎的禮物。」

阿傑：「挖哩勒，真的假的？」

客戶：「還不只如此，我只是禮貌性問他，常不常來苗栗？要不要機台檢查完畢以後，我帶他去工業區附近一家好吃的客家菜吃個便餐？他老兄竟然說好，最後還是我買單，我哪好意思跟公司請款？」

阿傑：「那是你自己先說要請客的，不過這學弟也太不上道了！」

客戶：「算我倒楣啦，最差的都還不是這個，他老兄進到我們產線裡，還拿起手機自拍，要是被我們副總看到，我會被直接釘在牆上啦。」

阿傑：「要死了，我跟你下跪，三鞠躬，真的很抱歉。」

他隨後問客戶：「你有讓小柏知道嗎？」客戶說沒有。

只見當天阿傑把這故事講給席間的其他主管聽，大家只能面面相覷，一面笑卻又一面相當不以為然。

沒天分，就從大量失敗中學習

我常說業務做久了，會有一種敏感度，說不上來的敏感度，或者說是一種sense吧？簡單來說，就是「察言觀色」，也就是感受環境、敏捷對答，見機行事的能力。阿傑跟我說小柏很認真、很努力，卻少一根筋，讓他的業績總是不上不下，猶如一條隱形障蔽，怎麼樣就是跨越不了。

他問我：「小柏到底適不適合做業務？」

我說：「產業內的專業與應對技巧都能慢慢培養，但人際敏感度是與生俱來的，除非遇過大量的失敗經驗，否則真的很難透過訓練培養，只能先跌倒再學習了。」阿傑點頭如搗蒜。

其實，每個人都有自己的「盲點」，如同開車有個「視野死角」。人際關係也有，只能盡量在圓融與做自己之間，努力找到一個讓自己與他人比較舒服的調節點。

人際關係沒有什麼「撇步」，只能睜大眼睛，用力去感受，先用眼睛、耳朵細心觀察聆聽環境，再用嘴巴與手去說和做。職場尤其切忌交淺言深，拿人手短，吃人嘴軟，商場應對絕非與家人好友間的關係。

小柏人際敏感度如此之低，也不是三言兩語就能幫他「提升」，我也只能建議他，接受別人的好意前，先用三秒鐘判斷，究竟是真的好意還是客氣之詞？判斷不了，就想想「上次為對方付出是什麼時候的事情？」有來有往的關係才長久，因為天下絕對沒有「白吃的午餐」。

39 再難開口的話，也應嘗試說清楚

對啊，蔓蒂跟小允不是好姊妹嗎？怎麼婚禮上沒看到小允？這才驚覺不太對勁，事後跟同事聊天，才知道發生了一段不為人知的祕辛……

結婚是人生大事，怎麼發喜帖是人生最難的一門學問之一，帖子到底要發給誰？不發給誰？標準究竟怎麼訂，才能拿捏得剛剛好？新人最怕的，就是一不小心破壞了雙方友誼，尤其職場中的「發帖學」更是難。

善用「放消息系統」

其實，隨著時代進步，結婚宴客已有標準流程可循，甚至在哪間餐廳請客、地點區域、親疏關係、主從關係、碰面頻率等，都有一套紅包金額標準。最難的是，賓客名單怎麼決定，就怕掛一漏萬，或是不小心成了「濫炸」。

我建議大家，先考慮邀請名單，暫時忽略包禮金額。因為該邀沒邀，是新郎新娘失禮；不該邀而邀，更是大失禮。賓客禮金該少卻多，是賓客的心意，當事人心領且記得還人情債就好；該多卻少，是賓客失禮，非新郎新娘的錯。

再者，利用「辦公室放消息系統」——臉書、通訊軟體、同事探問口風，先統計好大家的參加意願，再發帖子是比較安全的做法。至於直屬主管、同部門非新人的同事、好朋友、好同學、親人或家人，就無需多此一舉，若事先調查，反而怪怪的。

有一回，我參加前同事婚禮，拿了手機拍照上傳臉書，酒酣耳熱在回程的計程車上，看到小允發給我的簡訊上寫：「蔓蒂今天結婚喔，我沒收到帖子耶？」我才驚覺不太對勁，對啊，蔓蒂跟小允不是好姊妹嗎？怎麼今天沒看到小允？

事後在臉書上跟同事聊天，才知道了一段在我離職後不為人知的祕辛。

喜帖掀起的一段往事

原來這一切的導火線，還是因為公司福委會辦的一趟自由行旅遊。由於蔓蒂與小允是好姊妹，理所當然就住在同個房間，第一天晚上十點後，蔓蒂就邀了其他女同事過來房間聊八卦，席間一面喝酒，一面分享工作心情，暢飲通聊了一整夜。隨後幾夜，也差不多都是這樣。

返台後隔沒幾天，辦公室傳出耳語說「蔓蒂在外頭兼職」，雖然只是小小網拍生意，加上是幫姊姊做，直屬老闆與其他同事也都不以為意。未料，消息一路傳進副總耳裡，蔓蒂就被副總叫去當面警告，要她依公司規定千萬不可以兼差，蔓蒂走出副總辦公室時委屈地潸然落淚。

三個月後，蔓蒂提出辭呈，熟知她的朋友都知道，她將放消息的嫌疑人直指副總祕書：小允。

我問同事：「難道蔓蒂沒去查證嗎？」同事：「這種事情跳到黃河都洗不清啦。」

蔓蒂離職後，小允留在公司，時間久了，感情也就淡了。直到蔓蒂結婚發喜帖，這件往事才又被提起。

給友誼說清楚的機會

跟同事聊完，我也只能嘆口氣，事隔那麼久，要再說清楚、講明白也已經來不及了，甚至失去澄清的必要。不過，我認為，再怎麼難開口的話，都還是要嘗試說清楚，打開天窗說亮話，給彼此一個機會，這絕對是個不賠本的事。

若真的有誤會，給對方一個解釋的機會，釐清了等於撿回一個朋友；若不是，那也有個一吐怨氣的出口，反正「道不同，不相為謀」，順勢瀟灑轉身宣告友誼結束。若是默默地離去，反而不明不白，對方連發生了什麼事都不知道，日後相見也尷尬，畢竟世界那麼小，難保有一天不會再碰到。還是老話一句：「同事就是同事，短暫的關係，在乎你就輸了；朋友就是朋友，長久的關係，不妨好好談吧。」

40 職場修練，認真「鬥」就輸了

公司沒有內鬥，就不叫公司；人多的地方沒有競爭，就缺少樂趣。真的一定得如此嗎？人人都愛鬥爭嗎？

阿凱是我認識十多年的好友，那天他跟我說，第一次遇到那麼尷尬的會議，明明第一季業績很好，但參與會議的總經理、副總、協理、各級主管以及他自己，每個人的心情都不怎麼好，有些人更是擺明一張臭臉。

結下樑子的一場會議

阿凱是公司的業務副總，他說，這種情況已經持續一陣子了，開頭也是源自一場會議。

一年前，阿凱與行銷協理一起與總經理開會，報告一件客戶的案件進度，行銷協理覺得業務副總阿凱有爭功諉過之嫌，兩人為此結下樑子。副總與協理雖然職位有高低，但在公司內部都是對總經理報告，因為協理比較資淺，所以有些同事認為，協理年輕且較有衝勁。

後來，年度的員工旅遊時，業務部祕書將行銷協理安排在非主桌，還把他與菜鳥行銷專員安排在兩人一室的房間，於是協理就認定這是阿凱衝著他來的報復行為。

此後，行銷部與業務部暗中角力不斷，只要是大型客戶的進度匯報，行銷部都是被動而消極；行銷推出新的計畫與活動，業務部就充耳不聞。同事之間都在流傳，總經理為何還不處理他們兩個的明爭暗鬥？謠傳甚囂塵上，同事議論紛紛。

如此場景，我相信上班超過五年的朋友，一定多多少少聽過類似的故事，古今中外，從歷史、政黨到企業鬥爭的例子不勝枚舉，我們也無須對抗人性的弱點。公司沒有內鬥，就不叫公司；人多的地方沒有競爭，就缺少樂趣。不過，真的一定得如此嗎？人人都愛鬥爭嗎？

爭權奪利所為何事

這也讓我想起另一位朋友的故事。他們夫妻倆工作很認真，也有一定的成就。不過，行業不同或許競爭不同。老公是我的朋友，屬於與世無爭的類型，他總是在企業內部吃小虧，以他的年紀，應該早就升上高階，但他只是一個小經理。

相較之下，太太就積極許多，已是外商的副總，很熟悉在高度競爭的世界裡爭權奪利，要盡手段搶得先機。有一年，春節前她去多倫多出差，返台後發高燒，硬是撐著進公司，開了兩天的馬拉松會議。回家後去醫院就醫，這才檢查出腎臟發現大毛病，老公直勸她：「妳到底為了什麼？」老婆還虧他：「你不懂啦。」

或許我們真的不懂，為何高層要爭權奪利、爾虞我詐，甚至健康出狀況了，也在所不惜？不過我們可以試著回想「初衷」，我們為何工作？為什麼活著？派系鬥爭的結果通常是短期獲利、長期受損，迫使員工選邊站，這都不是成熟工作者所樂見的。

我想送給好友太太及阿凱幾句話：雖然說物競天擇，應選擇做個「好人」，但若很難定義何謂「好人」，我們可以選擇做個快樂的人，只要比「敵人」晚一點倒下，能夠撐到最後才是真贏家，畢竟留得青山在，才能不怕沒柴燒。

41 加入「小圈圈」前，要先搞懂的一件事

布丁不小心捲進派系鬥爭，苦撐兩年，好不容易編個理由順利離開。憶起慘烈過往，她總是自我調侃一句：「我到底是誰的人啊？」

布丁是我公司新人，研究所畢業後，留在老師身邊當了兩年助理，沒有一般企業的福利與三節獎金，讓她十分想脫離學校環境到一般職場工作。我怎麼也想像不到，找工作對她而言，會是如此恐懼的一件事。

她來我公司面試時，問我的第一個問題是：「你們公司有派系鬥爭嗎？」

「我到底是誰的人啊？」

布丁大學與研究所都念同一所學校，碩士論文的指導教授A對她不錯，保證論文可

以順利過關，卻一下子要求布丁幫忙趕某某計劃進度，一下子又要求協助申請某個政府專案，完全不像是學生，比較像是助理。

剛開始布丁不以為意，只要是老師交代，她都照單全收，布丁偶爾會向友人戲稱：「寫論文一點都不累，幫老師的私事比較累。」沒想到，老師看布丁乖巧溫順，漸漸變本加厲，舉凡接小孩、繳卡費、訂餐廳、搬家，當兒女家教……，布丁的任務幾乎已到「家管」地步。

一次的選修課程，布丁把這情況跟B老師隨口提了一下，B建議她更換指導教授，或是跟系主任反應，布丁不敢，風聲卻快速傳回A老師那裡。

A老師責怪布丁：「妳是我的人，怎麼可以跟他東家長西家短，妳不知道B是我長年的死對頭嗎？更何況，若沒有我幫忙指導，以妳的程度，哪有可能順利過關？」最後更撂下一句，「妳最好不要去B臉書按讚，我會不爽。」讓布丁哭笑不得。

布丁畢業後撐了兩年，好不容易編了個理由，總算順利離開。之間她也發現到，原來系上老師都會分派系，她特別提醒學弟妹罩子要放亮。面試最後，布丁憶起慘烈過往，自我調侃說了一句：「我到底是誰的人啊？」

內團體與外團體

在職場打滾這麼多年，聽過太多客戶和學員的例子，每當有人問我，你跟誰一國？我都笑說：「自成一國。」

社會學中所談的內團體（in-group）與外團體（out-group），就可以解釋這現象。人通常藉由內團體定位自己，滿足歸屬感與共同利益，以及高自尊的自我需求，組織成員通常偏袒內團體成員，形成小圈子或「自己人」，面對外團體的人往往無法公平公正。

我相信許多人在公司內部，或是政黨、公家機關、學校、任何型態的組織，對於「小圈圈」早已司空見慣、習以為常了，因為集黨結社本來就是人的天性。

壁壘分明、藩籬清楚的社會組織，容易形成對立，但也能凝聚組織成員彼此的歸屬感，本就是各有利弊。但在職場中，若是藩籬高牆重重，對於新人要打入群體，或是吸納更為創新的聲音，卻是不利因素。

在職場上，即使不想加入任何團體，想要維持中立自成一派，也不是那麼簡單的事。好事者往往會在背後說長道短，自動替大家分門別類了，尤有甚者，還會因為你的「居功厥偉」，爭著把你納入所屬的團體中。

這樣的「遊戲規則」處處可見，好比是某位網壇國手，與中華民國網球協會鬧得風風雨雨，輿論對於是誰培養她擁有如今的成就，爭論不休。我只認為：「爸媽都不敢獨攬功勞，沒有誰可以獨立培養一個人、擁有一個人。」

沒有誰是「真正」自己人

「自己人」其實是很狹隘的觀點，任何組織要壯大，海納百川，已是不變真理。自由開放的環境，上司不可能指揮團隊成員，僅為自己效忠，或是不准跟誰在一起，更遑論「不要去按讚」、「路上不能交談」，這種孩子氣的話語。

尤其是越自由開放的環境，就越難精準區分內外團體，唯一存在的「結合團體」，只有明確的利益結合。也因此，無論在哪，維持始終如一的做人原則與態度，才是維繫長久人際關係顛撲不破的道理。唯有不斷、持續地壯大自己，處處心懷感恩、與人為善，才能夠真正隨心所欲，不受控制。

說穿了，這社會根本不存在著「自己人」，即使有也只是暫時，除了自己的爸媽，沒有人會完全不計任何利益得失，更何況，「小圈圈」裡根本沒什麼好鬥的，龍困淺灘壯志未酬，何須拘泥自我範疇呢？走出舒適的小圈圈去闖闖吧！

42 離職那一刻才明白的事

同事會成為真正的朋友，往往都是在離職信寄出那一刻，才會發生……

你的職業生涯一定轉換過公司，一定寫過離職信吧？我始終認為：「如何進來公司不重要，重要的是你如何離開。」離職信潛藏的學問，你不可不知，如果做得好，除了延續各種關係外，還可以讓他人懷念你，說不定以後還可以幫你一把；如果離職信寫不好，反而讓大家覺得虎頭蛇尾，不值得信任。

離職信的學問

我離開外商時，曾經發了兩封離職信，一封對內，一封對外，兩封都有人保存到現在。

對內的離職信除了交代我的最後任職日期以及接任人外，我特別在信中提到：「我會將全部同事的通訊錄刪除，如果大家覺得我可以繼續保持聯繫，你可以回覆我，我也會把你的聯絡方式留存。」回信的比例只有四成，我把這四成定義為朋友，非單純的同事關係。同事會成為真正的朋友，往往都是在離職信寄出那一刻，才會發生。

對外的那封離職信寄出後，許多人跟我聯繫，由於我沒有進到相關產業，多半都是祝福我，對於我的負責與跨出舒適圈，稱讚不已。這十年來，因為廣播、書籍、專欄、課程的原因，陸續找回許多老客戶，他們常跟我說：「十幾年前就看出你的潛質，對於你今天的傑出表現，一點都不意外。」

不少老客戶會對我說：「憲哥，我們公司都有買你的書喔！」事實上，以前客戶都叫我 Lewis，「憲哥」是我當講師以後才有的綽號。

真誠的回覆？無情的反應？

我有個好朋友博恩是 B2B 的業務總監，他從第一線業務做起，賣過兩、三種商品，業績每一年都有兩位數的成長比率，人資培訓圈一待就是七年。人生就是如此，時候到了，總會遇到「天非時、地非利、人非和」的關卡，到了非得作出選擇的時刻，他毅然而然決定出走。

離職當天，他跑完整趟離職流程、辦完所有離職手續後，才回到辦公桌前一字字開始寫他的離職通知，準備「詔告天下」。他離職後不打算、更不可能用老東家的資源，他用僅剩一小時的上班時刻，拉開長長一列通訊錄，發了一封信給曾經交換過名片的六百多位客戶、長官、供應商，信中僅交代自己要離職，一個字都沒提到自己要去哪裡。

這樣的離職信很多，相信你我都看過。在離職信中，明確說明自己未來要去哪裡，優點是讓客戶覺得你把他當朋友，也夠誠實；缺點是對方會覺得你好似要繼續做生意，意圖過於明顯，而且對老東家不忠誠。

一般人收到離職信的反應不外乎三種：好可惜、終於走了、不關我的事。願意主動跟離職人聯繫的，屈指可數。然而，博恩收到的回饋，卻異常熱烈。博恩留了自己的私人信箱給大家，僅止於告訴大家自己手機沒換。交代一下接手同事的聯繫方式後，一星期之內，共有一百七十三位朋友用各種方式回覆給博恩，他記得起來的十句如下：

「你還好吧」、「鵬程萬里」、「要去哪裡」、「我這有缺」、「真是羨慕」、「約喝咖啡」、「是結婚嗎」、「下一步呢」、「換到哪家」、「創業是嗎」……，收到的訊息一籮筐都是四個字，我笑他：「你的客戶都很有學問，都回四字成語！」

博恩聽了只大笑，「這些朋友我一個個回覆自己的下一步，沒有再回覆的也沒有關係，未來也就不用往來了。」他很清楚知道：「這一百七十三位是『跟我做生意』，他們是『朋友』，其他的是『跟老東家做生意』，他們是『客戶』。」

學習分辨，不存幻想

其實，這世界就是這樣，無論你做得再好、再爛，世界上認識你的人或你認識的人，都會有三分之一喜歡你、三分之一討厭你、三分之一隨便你。我們只需要把喜歡你的三分之一，從十人變成一百人，最後變成一千人或一萬人就好，其他的三分之二，我們也無力改變。

博恩離職後，決定運用他七年的業務基層經驗，自己創業當老闆。而他當老闆的第一件事，就是將回信給他的那一百七十三位「朋友」的手機號碼、姓名、公司，輸入自己手機通訊錄中。有好幾次，這些只跟他換過一次名片的「朋友」，突然有急事找博恩，一接起行動電話，他就叫出對方的全名，讓對方驚訝不已，驚喜萬分。

後來，我問博恩：「你覺得寫離職信最重要的一件事是什麼？」他回答我：「分清楚誰是朋友？誰是客戶？不要有過於美好、不切實際的不當幻想。」畢竟與客戶、同事之間，都存在著某種競合與利益關係，除非離開原本崗位，我們很難看出誰是真正的朋友。學會分辨，人生會少走很多冤枉路，也才不會因此失去那些真誠對待我們的朋友。

43 你能用溫暖的心對待他人嗎？

那次看新屋，我是一邊看一邊心裡暗忖：「等一下要如何走出去？」價位實在不是我能負擔，接待員明知如此，卻沒有絲毫不耐煩……

有一次連續假期，不知為什麼手機收到一則簡訊通知，是桃園某豪宅的看屋廣告。我跟老婆在家中閒著也沒事，彼此商量後，決定趁著小孩補習的下午空檔，一起去看屋消磨時間！

一進到大廳，富麗堂皇的接待中心與接待流程，讓過去曾從事房地產仲介六年的我瞠目結舌。代銷播了一段精心製作的影片，十坪大的高級劇院中，設備與影片的水準讓人嘖嘖稱奇。不過，我是一邊看一邊在心裡暗忖：「糟了！我不是真正的買方，等一下要如何走出去？」

資深銷售員的沉穩細心

接待我們的郭小姐，是一位相當資深的房屋銷售員，她言談不浮誇，字字句句精準到位。只有專業、沒有促銷，那一小時對談其實很愉悅，沒有什麼壓力，我跟老婆的笑聲幾乎不間斷。老實說，撇開現實因素不談，這次看屋經驗頗令人回味，咖啡、甜點從沒少過，噓寒問暖也十分親切，只是關鍵就在那價位，實在不是我能負擔的。

最令我印象深刻的是，郭小姐明知如此，卻沒有絲毫不耐煩，仍有條理地介紹完每一個細節。我說我會考慮看看，她也很高興地送我們下樓，資料袋裡沉甸甸的相關說明，非常完整。我們在電梯裡，三人彼此目光交會時的微笑，真實而自然。

臨走前，她看到我那天開的小車之後，馬上改口：「謝先生，若有朋友需要這裡的房子，一定要介紹給我喔！」我連忙說：「沒問題！」

看屋後一個月，沒有接到她一通促銷電話，我想她一定是老鳥，我們的默契好像是多年養成般的，不會彼此戳破。她給我留了面子，我也在豪宅案場的專案主管面前，幫她說了幾句好話。

在服務業的商場打滾了這麼久，雖不至百發百中，但看人都有一定的水準。這位代銷小姐的貼心接待，讓我想起當年還在賣房子時，第一筆成交屋主的案例。

業務菜鳥入門第一課

一九九四年，因為保障底薪選才策略，我進到一間優質房仲公司服務。當年的我雖然已經二十六歲，有三年工作經驗，但實在沒存到什麼錢。雖然，公司給的保障底薪不錯，但是要在台北市區找一間出租的套房，對當時的我來說，還是「很有困難」。

於是，我向店長報告，希望能住到店二樓的儲藏室，雖然那間儲藏室像鬼屋一般，但因為有冷氣、基本家具，對我已經足夠了。店長很體貼，沒多問些什麼就點頭答應，讓年輕的我有了打拚的最佳後盾。

店長特別叮嚀我們這些菜鳥，千萬不能以貌取人，他常常說：「新生南路周邊，真正有錢的人，穿著都很普通，穿襯衫打領帶的，幾乎都是沒錢業務。」現在想來不禁莞爾，卻也有幾分道理。

我的第一個成交屋主，就是每天七點半準時來店裡報到的一位歐吉桑。他總是短褲、汗衫外加簡單平底鞋，每天都去尚未完工的大安公園附近散步，之後就到我們店裡看報紙、喝茶。我因為住在店裡，幾乎每天一大早就起床，打電話給自售的屋主聊天抬槓，這位歐吉桑就會進來看報紙。

每一次我都很貼心地幫他倒茶、噓寒問暖，直到有一天，他主動開口向我提到他有間位在臨沂街的房子，想處理很久了卻沒有多餘心力，問我能不能幫忙？他便成了我在房仲業試用期間，最大筆金額的成交屋主。

我建議未來想從事服務業或正在從事的朋友，要懂得站在他人的角度「換位思考」，善待每一位上門的顧客，千萬不要以貌取人，用柔軟與溫暖的心對待他人。或許在服務過程中，實質的獲得不盡如人意，但之後說不定會有意想不到的驚奇收穫喔！

44 比追求成功更快樂的事

欠債還錢天經地義，銀行催收採取正當法律行為，不但合情合理，債務人也無話可說，阿桂的老闆常說：「職責所在的催收主管，千萬不能有惻隱之心。」直到某天阿桂接到一通電話……

阿桂在銀行債管部門擔任小主管，她的職稱說出來讓人一頭霧水，工作內容其實就是「催收」。十年來，阿桂兢兢業業在自己的位置努力工作，得到公司不少肯定且深受同仁愛戴。

「死要錢」的催收工作

前些日子，阿桂陷入低潮，面對喜歡的工作不僅提不起勁，甚至開始懷疑自己的存在價值。她告訴我，長時間面對客戶抱怨，最常聽到客戶說的話不外乎：「你們銀行就是愛錢，催催催，可不可以不要再催了，我會還錢的啦，死要錢。」

其實，欠債還錢本來就是天經地義，銀行催收採取正當法律行為，不但合情合理，債務人也無話可說，阿桂的老闆常說：「職責所在的催收主管，千萬不能有惻隱之心。」

阿桂擔任第一線單位主管，要安撫顧客也得照顧同仁，更得花時間處理自己的情緒。如此「情緒勞動」十年來，她早就心生厭倦，直到遇到三峽的一個案子。

三峽的案子歷經公司法務部門與阿桂長期催討，走過很長一段法律流程，正準備申請查封債務人的不動產。查封當天，阿桂接到一通電話，是查封現場法院執行任務人員打來的。

法院執行人員問：「請問是某某銀行申請查封該案件的承辦主管嗎？我們已經到了現場，查封流程也依法完成，但你們要不要到現場看一下。債務人的弟弟是小腦萎縮症患者，躺在床上動也不動，只能靠他哥哥打零工維生，家徒四壁真的很可憐，你們最好關心一下啦！」

阿桂這才驚覺，過去那段時間債務人口中說的「有困難」都是真的，她立即詢問行內當天隨行人員，發現情況似乎比先前得知的還要嚴重。阿桂內心糾結萬分，惻隱之心首次超越職責所在，老闆常叮嚀的那句話浮現腦海。

多做一點，變成雙贏

阿桂的同事都告訴她，這案子沒什麼轉圜餘地，就只能查封不動產，然後拍賣，以便把變賣所得價款轉抵債務人所欠的費用，但阿桂希望透過內部資源整合，來幫忙債務人解決問題。三個月後，阿桂成功解決了這個案子。

我問：「阿桂，妳是怎麼做到的？」

阿桂：「金控內部的慈善基金會。」

原來阿桂收集了許多資料，經過她與同仁的多方努力，判斷唯有透過發揮金控綜效，才能有效且快速解決問題。基金會主管也很支持這個扶助個案，最後再經阿桂、阿桂的主管、基金會執行長與相關幹部的通力協助，還有債務人本身的部分還款，才終於在三個月內解決了這個案子。

阿桂表示，職責所在合情合理，但如果我們願意多做一點，就能夠創造雙贏局面，何樂而不為？「這個案子收穫最大的是我自己，我不僅幫助公司也幫助了台灣社會，內心所獲得的歡喜與踏實，遠比債務人的感謝還要來得更多。」

每個人都有故事，她也承認不是每個案子都能如此協助，只求問心無愧即可。我想，這大概就是那句俗語「施比受更有福」所說的吧，在自己的工作崗位上，體察他人所需，試著付出、伸出必要援手，比起只專注追求晉升、薪水等「未來的成功」，我們都更容易得到快樂。

45 競賽場上，難忘的三堂課

一項看似簡單的運動，賽程前後不過十一天，卻讓我在比賽中學到寶貴的三堂課。我只犧牲些許金錢與部分工作機會，卻得到一輩子受用的深刻體驗，再值得不過！

特地挪出十一天假，自掏腰包超過十二萬，延期四天課程，只為參與兩場拔河比賽盛會。朋友都說我瘋了，我沒瘋，我比一般人清醒。

這兩場比賽，是位於瑞典的世界盃拔河公開賽與錦標賽。

拔河，是八個人的狂熱。

前者名為「公開賽」，就是大家都可以報名參加，我觀看的那場參賽隊伍多達五、六十隊，競爭之激烈，堪稱史上最強。舉例來說，光瑞士同量級就派出四隊參加，隊名大多用俱樂部的名稱，參賽選手年紀最大的是七十歲。台灣參賽隊伍有「台師大景美」、「壽山南投」、「僑泰亞大」等。

而「錦標賽」是以國家為名，一個量級一國一隊，男女各量級，一共二十七國參加，在公開賽兩天後比賽。台灣在上述兩賽程中，合計奪下六金一銀一銅一個第四名的佳績，在世界拔河列強中，金牌數高居世界第一。

扣掉飛航天數，賽程前後不過十一天，我卻在這兩場比賽中學到寶貴的三堂課。

第一堂：贏出差距

這還得先從藥檢說起。台灣在公開賽與錦標賽中，用的是同一批選手。說白一點，就是先參加一場比較不重要的公開賽，兩天後再參加一場重要的錦標賽，然而都能奪金。

但我們在賽前、賽中，男女都被抽到藥檢，甚至女子組有三位已經退役且本次沒參加比賽的選手也被抽到採樣，我們都覺得藥檢是衝著中華隊來的。仔細想想也是，身材這麼不起眼，卻能奪下這麼多面金牌，連我也很想知道為什麼？

這讓我回想起，在金融業服務的三位理專女同事。三位同事都是好姊妹，共事超過五年，一起出生入死。業務主管出缺，A被拔擢晉升經理，B與C都甘願在她的帶領之下，繼續在分行服務，A的金融業資歷相對較淺，卻最早被晉升。

據我所知，A在近一年的新客戶開發數，是全分行七位理專開發數總和的兩倍。如此壓倒性的勝利，是公司拔擢她的主要原因。若非這壓倒性的勝利，其他理專又會怎麼想？

這是我學到的第一堂課：拉出壓倒性差距，止住妒忌者懷疑。

類似狀況像是工作表現優異，卻因學歷不如人，而被周圍的忌妒者懷疑，甚至備受排擠。其實從哪裡開始並不重要，重要的是我們要去哪裡？只要清楚設定目標，持續努力，就能獲得勝利，不過「僅僅」獲得勝利並不夠，還必須贏得壓倒性的勝利。

第二堂：退後就是向前

拔河繩中間有個紅色標誌，這是「中間點」。當某一隊退後的距離達到四米時，裁判就會判退後多者獲勝。過程中只要有三次犯規，也會判對手獲勝。一項看似簡單的運動，蘊含許多人生智慧。

人生最積極向前努力拚戰的時期，莫過於二十五至四十五歲，這之後對我而言，是體會退後一步海闊天空的境界。這個哲學包含幫助他人成功、以退為進的態度、不莽撞搶進的優雅，以及商業讓利的新思維。

過往擔任業務主管，工作非常忙碌，時常還在公司兼任福委會主委、尾牙主持人、退職金管理委員、內部講師之類的雜項工作。有人請我幫忙，我總是義不容辭。我的工作狂熱，眾所皆知。現在這年紀，雖然還是有數不清的機會可以上台，享受鎂光燈的快感，但我更願意把舞台分享給年輕朋友，讓他們展現才能。

年輕人的成功，就是我的成功，「退後，要當作一種狂熱的工作來做。」這幾乎是我退居幕後的第二人生中，最重要的一句座右銘了。

第三堂：辛苦的活自己幹，榮耀歸給他人享

早先被改編的電影《志氣》，有景美拔河教練郭教練的故事，平凡如他，當然也會面對攻擊、忌妒與倦勤。這次他帶隊參賽，運用了賽程安排，在公開賽Junior的比賽中，順勢讓他的第一代金牌子弟兵——台師大體育系畢業的李洳君選手，下場磨練擔任總教練工作。

而郭教練他老兄，就在場邊擔任不能說任何一句話的「water boy」（負責提水給選手交換場時喝的人），這一幕被錄影機拍下，在中華隊群組中獲得高度迴響。

世代交替是必須按部就班從比賽中慢慢培養的，然而國內政治圈與職場企業往往缺

乏這個認知。部門資深主管一離職，下屬無法接棒，導致部門瓦解的例子不勝枚舉，甚或如下屬說的：「老闆占著茅坑不拉屎。」情況時有所聞。

管理者若沒有雅量適時讓出位置，讓下屬發揮，老是以「我的經驗很受用」來麻痺自己，終究受傷的是企業本身。我承認在關鍵時刻，老闆的確很重要，但日常時刻的適時沉默與授權，才能讓下屬成長，更是管理者交棒的智慧。

幫助下屬成功，才是主管最大的成功，主管如何適時幫員工抬轎，是門很高深的學問。

瘋狂奪金後，心態歸零時

我觀察，奪下六面金牌的拔河隊員，下場後還是默默準備自己的下一場比賽，在場邊整理衣物、養精蓄銳，完全不像是剛剛才奪金的選手。對照場邊的僑胞、師長，甚至連我這樣的觀察員都欣喜不已，雀躍興奮之情全寫在臉上，形成一種強烈的反差。拔河隊員擁有高成就，心態卻能馬上歸零，真的很不簡單。

十八人組成的拔河隊，與當日沒有賽程的其他隊友，都會一起幫剛剛下場的隊友按摩、提水擦汗，這樣的團隊精神，很是讓我感動。

這十一天，我只犧牲了些許金錢與部分工作機會，卻得到一輩子受用的深刻體驗，在現場目睹世界級隊伍奪金背後不為人知的點滴，這些不是金錢可以取代，更不是在教室裡想像得到的！

第五篇

學習的平衡與取捨

46 處順境、逆境之道

「順境時謹慎，逆境時堅強。」我把這句話記下來，寫成簡訊回給麥可，雖然只有短短十個字，但再加一字都嫌多……

人生浪潮時高時低，高潮雖不一定人人有，低潮卻是誰都有可能經歷。

在外商擔任業務經理時，於業務往來認識了麥可，我們從客戶與業務的關係進展成朋友，算一算已經認識十多年了。麥可個性忠厚、老實，相當負責任，他從研究所畢業後就開始在手機廠工作，在手機產業領域一待就是十多年。

外商的現實、產業的轉變

有一次，麥可帶著全家人約我一起吃晚餐，他小一的女兒還在旁邊玩耍，沒想到和樂融融的背後，竟面臨著一段山雨欲來的風暴。

「手機業不景氣，外商宣布裁員了，我在名單內，下個月生效，憲哥你可以給我些建議嗎？」麥可當時剛過四十五歲生日，好不容易爬上專案經理的職位，面對中年失業，一時間也是手腳慌亂，內心無限愁苦。

我隨口說出三位我還記得的名字。「都在名單內，覆巢之下無完卵吧！」麥可苦笑，接著說：「我們副總更慘，剛被派到印度，事業群說收就收，即將退休的他，職業生涯沒有善終，真的很可惜。」

世界的變化，無人能想像，十年風水輪流轉，幾年前手機相關產業最夯，如今呢？滄海桑田，這讓我想起余老師曾經教我的一堂課。

余老師的國文課

來自萬芳高中的國文教師余懷瑾，她曾獲選全國 Super 教師評審團特別獎。她跟一般教師很不一樣，不單單鑽研本科，除了持續精進教學能量外，還向外部學習許多產業知識與技能，舉凡寫作、簡報、財務、表達、課程設計與教材教具製作，無一不涉獵，我與夥伴們對她的學習態度十分欣賞、欽佩。

在一次課程演練的場合裡，所有的職業講師都在示範企業訓練的課程，只有她示範了國文科教學，而教學有趣、易學易懂，就是我們對她的整體印象。她把范仲淹的〈岳陽樓記〉，用貶謫文學的角度，引申至人生的挫折管理，連我都自嘆弗如。

「霪雨霏霏，連月不開；陰風怒號，濁浪排空；日星隱耀，山嶽潛形；商旅不行，檣傾楫摧；薄暮冥冥，虎嘯猿啼……。」她的言語，讓現場觀眾一窺千餘年前被貶謫的范仲淹，當時他的抑鬱心情與低潮絕望，投射到現代人的困境與挫折應對，令人反思許久。

「不以物喜，不以己悲。」一年紀漸長，歷經挫折與甘苦，我才開始體會這句話的真意，學習面對人生喜樂與哀愁的淡然態度。

我把這個體悟告訴了麥可，三天後他傳來一封短信：「憲哥，幫我謝謝余老師，范仲淹的〈岳陽樓記〉帶我走出人生困境，我真覺得我沒有范仲淹愁苦的百分之一。以古為鏡，可以知興替；擺開紛擾人生，我也想多讀讀古文，謝謝您願意跟我們全家吃頓飯。」我把這事告訴余老師，她在電話那頭笑著，聽她開懷大笑，我可以確定她十分開心。

我跟兒子們的「畢業季」

記憶中，當時正逢我兩個兒子的畢業典禮，一個升大學、一個升高中，而我也從企業內訓淡出，對我們全家而言，正是我們一家人的「畢業季」，彼此都在這一階段的學習畫上完美的句點，好難得。

更難得的是，我在畢業典禮當天，看到兒子高中導師送給全班的一句話，出現在會場前方的跑馬燈上，更讓自己面對十字路口的心情篤定不少。我把這句話記下來，寫成簡訊回給麥可，雖然只有短短十個字，但再加一字都嫌多：「順境時謹慎，逆境時堅強。」

人生就是如此，每一階段都有不同的難題需要克服，人生起伏，低潮難免，隨遇而安，來時不懼，去時不留。不用為眼前困境而懷疑自己，更不必慌張，趁此時好好低頭審視，自己所擁有以及所缺乏的，唯有此刻我們才有機會停下來，想一想。蓄勢待發，待時機一到，這人生浪潮自然會將我們帶到另一段高峰。

47 管理時間，等於管理專注力

不是忙就好，是忙得有意義才好。「瞎起鬨」正是管理專注力最大的敵人，一味地趕流行，最終就會失去自己原先的目標與方向。

時間無法有效運用，你的人生終究是一場空。

老天爺是公平的，每個人擁有的就是每天二十四個小時，怎麼運用、怎麼安排，全靠自己決定。忙碌是好事，但「怎麼忙」更重要。

密集的行程

我的工作日行程總是排得滿滿，因為我希望把工作日與休息日明顯分開，也不想為了某一個行程南北折返跑，總是想要「就近解決」，往往一不小心，慘案就發生了。

有一次，我接了一場晚上六點至七點半的企業演講，幾天前整理行程的時候，才警覺到日程有多麼「堅實」。

早上九點到十一點半：與A出版社開會（甲地）（五）
早上十一點半到一點：與X作者商談新合作計畫（甲地）（四）
下午一點半到三點半：與B出版社開會（乙地）（三）
下午三點半到五點：與Y朋友天南地北閒聊，她送了我一個大禮物（乙地）（二）
下午五點半到八點：演講與前置準備時間（丙地）（一）
晚上八點到十點：觀看職棒總冠軍戰直播（丁地）（六）

夯不啷噹六個行程，起床、吃完早餐後，就開工從早上九點忙到晚上十點，甲、乙、丙地都不遠，甲地與乙地間隔計程車費八十元，乙地與丙地步行約七分鐘，丙地與丁地計程車一百三十元。

而這些行程規劃後方的數字，是我規劃該行程的順序，換句話說，「職棒總冠軍戰」是我最後才加上去的，也為犒賞自己一日辛勞。

甲地在A出版社對面，我從中壢請司機送我來，咖啡費用由A禮貌性支付，X作者從新北市過來配合我的地點，中午餐飲則由我支付；B從新北市過來，Y朋友從內湖過來，稍後必須搭火車趕赴花蓮，都是配合我的地點決定，下午喝茶理應由我支付費用。

人情味是做人的重要關鍵，每次我要起身付錢時，朋友與出版社會客氣幫我支付，他們幾乎都被我打回票，我會說：「請你喝一杯兩百元的飲料，其實你付出配合我的時間都不止這個，坐下吧！」

當天所有的合作計畫都談成，也迸發出許多新點子，靠的是事前的精密規劃與專注的談話。每一次對談，我都會關閉所有通訊軟體，彼此時間寶貴，對方絕不想看到憲哥一面開會，還一面分心處理其他的事。

管理你的專注力

時間一分一秒流逝，非常會管理時間的人，往往缺乏人情味，因為「管理專注力」才是致勝之道。不是忙就好，忙得有意義才好，我經常說：「人多的地方不要去。」「瞎起鬨」正是管理專注力最大的敵人，一味趕流行，最終會失去原先的目標與方向。

「時常關心別人，忘了關心自己」，過度在乎臉書上他人的動態，關注別人說了什麼？去了哪裡？跟誰在一起？上了什麼課？卻忘了自己到底要什麼？自己是誰？你想成為怎樣的人？

我覺得浪費時間的人，真的很可惜，我甚至覺得是國安問題，消耗國家整體競爭力，更可悲的是自己卻不自知。建議大家，時時確認短中長期人生目標，學習取捨，無須害怕失去。慢不見得不好，很多事無須急著處理，很多人都在做的事，未必是好事。

要記得，我們做的每一個選擇與取捨，都決定未來自己會變成什麼樣的人物。

48 一個小改變，MARCH換成BMW

「但學英文也不會讓你開ＢＭＷ啊？」阿浪大笑說，車是犒賞自己的，他是讀了我的書深受啟發，這才痛下決心學英文……

身為社區副主委的我，觀察到社區地下室某個停車位，總是停著一部破舊的MARCH，有時一個月動也不動，後來才知道那是住戶阿浪的車。我住在這裡十五年，遇見該住戶阿浪不超過五次。某一天突然發現，不知什麼時候起，MARCH換成了ＢＭＷ，令我有些意外。

從裡到外煥然一新

開社區大會時，我注意到阿浪比起若干年前斯文了些，說不太上來有什麼明確的不同，但眼神流露出的自信，讓我覺得阿浪好像換了一個人似的。

會議結束後，阿浪叫住我，拿了一本我的新書請我簽名，我們便在巷口的便利商店就著小桌子聊了近兩小時。

阿浪原先來往兩岸，長期與家人分隔兩地，老婆不太諒解，加上兩個孩子進入求學階段，於是決定全家搬到蘇州，一住就是六年。幾年前因為公司大幅縮減台幹比例，阿浪被迫返台，家人也一起回來。變動的生活沒有根，讓他心裡很不踏實。

他回台後，公司雖然安排一個職位給他，但從掌實權的經理變成無權的副理，阿浪心裡很不是滋味。

「你為何不離職？」我問。

「四十多歲，工作哪裡這麼好找？再加上我們都做歐美生意，公司大小職位我都待過，但英文不好，就沒有機會出頭。」阿浪說。

「現在呢？」

「我剛升業務處長，生活才逐步好轉。」

「怎麼做到的？」

「我花了兩年時間，痛下決心學英文。」

原來，阿浪每天下班後都在學習英文。他先是報名英文補習班，半年後索性找一對一英文家教，強迫自己兩個小時不說中文，藉由看電影、觀察同事的英文書信、模擬各種商務場合、交外國朋友，不斷磨練英文。

「但學英文也不會讓你開 BMW 啊？」我問。

阿浪大笑說，那是犒賞自己的，「辛苦大半輩子換台車應該不為過吧？」「幾年前我自告奮勇轉換到公司的業務單位，從資深業務專員開始起步。我英文不好，但我對產品超熟，工廠流程也熟，最重要是各部門都有我的人脈，業務工作也就一步步做起來了。去年幫公司拿到大訂單，好似一切順理成章，但我還是吃足苦頭。」

從小處開始捲動人生

阿浪被公司調回台灣，卻沒選擇離職，持續仰賴專業知識、內部人脈、流程熟悉等優勢，僅更換職務到業務領域，一次更動一個點，轉換跑道成功機率的確較大。

雖然阿浪說，他是讀了我的書深受啟發，痛下決心學英文，但我私下覺得，BMW對他的自信真的影響滿大，連帶捲動他對人生的一些想法。

說穿了，就是「做出改變」。

阿浪白天班照上，但他花了兩年的晚上時間，逼自己練習英文，強度夠強、頻率夠高、時間也夠持續，不停強化，能得出不錯的成績，一點也不令人感到意外。而英文更是職場關鍵變數，如果你所有的條件都屬上乘，但英文不好，的確有很多職位是無法嘗試的，阿浪就是個成功的例子。

49 「從零開始」的王牌

現在回頭看，其實都是「事後諸葛」，留在醫院或去澳洲打工度假本無對錯，際遇發展誰也說不準，還得看個性與專長，但是，這些在當初又有誰會知道呢？

四位護理師好朋友

因緣際會下，幾年前跟某間醫院護理師A與B變成好朋友，雖然同診間的護理師有時會換人，但換來換去頂多加一個C。之後，又來了新護理師D，她跟其他護理師好像也很熟，常常見到她們有說有笑。

她們四位的想法、年紀都相近，三十歲前驚覺到了人生分水嶺，想為自己的黃金歲月留點紀錄，而醫院的工作繁忙又勞累，輪班壓力導致生活作息顛倒。於是四人決定利用空檔到美語補習班加強英文，打算半年後前往澳洲遊學打工。

雖然一起報名，但是A補到一半被家人勸退，沒補完就放棄了；B補了半年後，還是想趕快把就學貸款還完，於是繼續在醫院工作，出國遊學夢暫停；最後僅剩C與D結伴到澳洲。

在澳洲打工度假那兩年，起初都是在農場摘水果，一天下來遇到人的機會很少，更別提磨練英文了。C回台後說，農場工作往往「連個鬼影都沒有」，她一年之後便告別澳洲，回到原先醫院繼續工作，剩下D繼續在澳奮鬥。

孤軍奮戰的D，一邊抱持著可能有轉機出現的希望，一邊旅遊，但寂寞與無聊實在難耐，在缺少朋友又沒學到什麼的雙重壓力下，第二年結束後，也回到原來的醫院繼續工作。

這兩年間，醫院發生了不少變化。當D回醫院時，A晉升成了護理長，B也當上護理站小主管，連提早一年回台的C也瞬間成為學姊。雖然基層工作對D而言很熟稔，但薪資與職位都不如其他三位，心裡難免不是滋味，除了小有埋怨以外，只剩在澳洲的回憶與那狂摘水果後留下的粗糙雙手。

人生該有連貫策略

B跟我滿熟的，她把這故事講給我聽。她說，面對D她心裡有些尷尬與疙瘩，還有一點「於心不忍」。

我告訴B，恭喜她跟A堅持在醫院裡持續打拚。滾石不生苔的道理大家都懂，人從不紅到紅要很久，從紅到非常紅往往只要一瞬間。得到一個好位置，並不代表會一路平步青雲，還是要繼續堅持下去。C剛好卡在中間，沒升官、體驗也不深，不過她同樣嚐到人生高低起伏的滋味，也是寶貴的經驗。

現在回頭看，其實都是「事後諸葛」，留在醫院或去澳洲打工度假本無對錯，際遇發展誰也說不準，還得看個性與專長，但是，這些在當初又有誰會知道呢？每個選擇與決定，都是當下認為最好的，重來一次，或許還是會這樣選擇。

不過，我認為D忽略了一點，人生本應有連貫策略，去澳洲打工度假結束，無論有沒有存到錢或是學到東西，「回醫院做原先工作」不應該是D的下一個選擇，D花的兩年有些可惜，儘管人生的回憶也是「無價」的。

從零開始不是不好，只是人生在三十五歲以後真的沒幾次機會能打掉重練，每個人「從零開始」的王牌只有兩、三張，打完以後若還闖不出名堂，人生期待感會降到零，再也回不來，不可不慎。

50 什麼都不缺，為什麼還是不快樂？

「憲哥，我越來越不快樂。」「怎麼會呢？妻子、孩子、房子、車子、銀子，五子登科的人生，大家羨慕你都來不及耶？」

「你快樂嗎？」這個再簡單不過的問題，卻是人生一輩子的大哉問。隨著接觸企業內訓的學員人數越多，我越是發現，在職場的複雜關係裡，快樂是自找的，煩惱也是。

「人生勝利組」的他，為什麼不快樂？

麥克大學畢業退伍後就在大公司上班，無畏公司內部的權力鬥爭，從業務專員開始幹起，歷經主任、副理、經理……一路攀爬向上。後來，麥克終於升上業務部協理，前前後後花了十五年，期間還去念了ＥＭＢＡ。麥克對於自己的人生規劃與生活目標，總有萬分期許。他在我心目中，更是個百分之百正面思考的成功人士。

從沒想到，有一天麥克卻對我抱怨……

「憲哥，我越來越不快樂。」

「怎麼會呢？妻子、孩子、房子、車子、銀子，五子登科的人生，大家羨慕你都來不及耶？」

「雖然面臨四十歲的關卡，衣食無缺，一切看似美好，卻沒來由憂鬱起來，我真的不快樂。老婆跟我吵架的頻率變高了，小孩都不太愛理我，車子越換越好後，下一部要開哪台？錢賺的多花的也多，在大公司上班很累，大家都愛拍馬屁，總之很假又很煩啦。我不知道接下來要幹嘛？」

「你很欠揍耶，人生勝利組還說不快樂，見鬼了！」

在我眼中，他老婆很賢慧，小孩很會念書，他在公司有地位，業務部人人言必稱「麥克協理」，我估計他年薪至少三百萬，開雙B名車，信義區有間中古屋，哪有不快樂的理由？

然而，家家有本難念的經，你我都是。麥克的眼中銳氣盡失，充滿落寞沮喪，這也都是他真實的感受。

尋找快樂有方法嗎？

「逃避不快樂，並不會讓你更快樂。」是我首先想說的。

記得以前在大公司上班時，因為有一定的資歷與小小成就，必須小心處理人際關係，尤其婚喪喜慶得面面俱到，不能漏了禮俗。還得特別注意什麼話不能說，什麼場合「應該」說什麼話；業績好的時候「應該」說什麼，業績不好的時候「應該」做什麼。

人與人相處的應對進退，是職場工作者社會化後的必然反應。其實這樣做也沒錯，目的只有一個：「避免被人討厭的不快樂。」但確實也沒讓自己變得更快樂，社會化的結果就是「失去自我」。

應該「以自我為中心」還是「以適應環境為重心」，這件事我工作到現在二十多年了仍未參透。這真的很難，或許人生就是在「尋找自我」、「社會化」、「尋找自我」、「社會化」的不斷循環中，發現真正的快樂吧？

朋友再多，知己難覓

職場上有一種快樂，就是「遇到真正欣賞你的人」。

麥克常說他在公司都沒有朋友，但跟我一起聊天卻很愉快，或許因為我是真正欣賞他的人吧？身為一名堂堂上市公司的業務部協理，怎麼可能在公司沒有朋友？或許「朋友很多，知己難覓」就是這個道理。

年紀大了後，總會猛然發現：「人與人相處的緣分，比什麼都重要，而且強求不來。」你會吸引哪一種人欣賞你，或許是磁場的運作，實在很難將人簡單歸為幾類，就能完全說明清楚的，要討好所有人更是緣木求魚。做自己的「快樂」與吸引貴人的「快感」，雖然很難相提並論，但也有異曲同工之妙。

再沒有特色之人，也有吸引人之處，萬人迷也有討厭他的人，不用刻意討好所有人，或許就是快樂的來源。有時候，老生常談才最接近真理，「從利己到利他，助人為快樂之本」，希望我們都能找到屬於自己的快樂源頭，別再自尋煩惱。

51 來不及吹奏的薩克斯風

雖然來不及，仍想告訴他：「想吃就吃，想買就買，想休息就出國走走吧。」最後我把這句話送給我自己……

大學時期參加童軍團，那種上下屆的革命感情與患難與共的青澀歲月，出社會二十多年後，著實不易再有。

童軍團的年輕歲月

有一次童軍團聚會，我看到許久不見的啟德學長，他大我兩歲，已經在南部某家小有名氣的建設公司出人頭地。他一路從工地主任開始做起，二十多年都在南部發展，只要講到他的名號，業界真是無人不知無人不曉，此時，已經是該公司的二把手了。

財務健全、成熟穩重、外貌帥氣依舊，啟德從前就備受學弟妹欽慕，他低調、內斂的個性，也是二十多年沒變。聚會那天，我們聊到個人喜好，他說他最近迷上薩克斯風，全部的團員都嚇了一跳，因為我們不是談高爾夫球，就是慢跑、游泳、電影、音樂、閱讀、旅遊這類的興趣。

啟德說，他最近看到一支價值十八萬的高級品，遲遲買不下手，「先買中級的，等比較會吹，再買高級的。」不過，會中一位學弟對於音樂稍有研究，建議啟德入手高級品，但他覺得太奢侈，最後還是購買一支七、八萬的中級品。

大夥相約不久的將來，一定要聽學長吹奏一首。臉書上我們互相關注，但由於產業及地域相距太遠，聚會後也沒太多互動。豈料，再收到啟德學長的消息，竟然是他罹患肝癌過世，享年五十歲。

消息來得突然，我們都驚愕不已，一起前往他的靈堂祭拜。靈堂前擺的就是那把價值十八萬的薩克斯風，是啟德的兒子想完成父親遺願，送給他的紀念品，睹物思人，不勝唏噓。

我抱著啟德的兒子，想哭卻又忍著，我告訴他：「多愛護自己，照顧好媽媽，你爸會以你們為榮。」我一鬆手，再也忍不住潰堤的淚水。

有些事現在不做會後悔

不知為何，過了四十歲以後，漸漸理解「五十知天命」的道理，不用別人教，從生活中的例子與體驗自然就能明白。

回憶大一升大二那年，我第一次跟啟德碰面，他在我們這群學弟妹面前暢談人生夢想，當時即將畢業的他，對人生充滿憧憬與希望。老實說，我一直記得他那時的模樣，眼神綻放著自信光彩，我是因為他極富魅力的談話才加入童軍團的，就像兩年多前聽到他學薩克斯風時相仿，熱情有想法，人生彩色奪目。

雖然來不及，但我仍想告訴他：「想吃就吃，想買就買，想休息就出國走走吧。」

最後我把這句話送給我自己。

想想啟德在職場奮鬥二十多年，從很有想法，變成常態喝酒；從快速累積財富，到累積後也捨不得對自己好一點，高級薩克斯風最終只能擺在靈堂前。人生至此，該想通的也該想通了，名利都是虛幻，只有身體是自己的。

天團「五月天」有一句歌詞是這麼寫的：「有些事情還不做，你的理由，會是什麼？」人生有時還是得及時行樂，享受每個當下吧！

52 扭轉高離職率的工作宿命

我到那家公司上課已六年，前後換過五位承辦人，我問：「該不會明年再來，你們都不見了吧？」小琪跟阿哲幾乎想都沒想，異口同聲地回答：「可能喔！」

我過去待過五大行業，電子、房仲、銀行、科技以及顧問，這些經歷加上二十多年來跟客戶對談的經驗，我發現，人資雖然是扮演公司人力資源的把關者，但本身反而是公司離職率最高的一份工作。

午餐便當，壓力好大

只要去企業上課，中午都吃便當，只能利用短短一小時時間休息。那一次，我被兩位人資抓著，他們輪番向我抱怨公司。他們說了一些心裡話，把我當作大哥傾訴，我也就邊吃午飯邊聽他們說。

印象中，到那家公司上課已六年，前後卻換過五位訓練承辦人，不是離職就是調單位歷練。從未看過連續兩年出現相同承辦人，不止員工如此，主管也差不多。我不是第一次遇到這種狀況，這樣的例子幾乎全集中在上市櫃公司。

小琪說：「我們都知道其他同事的薪水啦，我很為人資抱不平，加薪升職最後才會輪到我們。」

阿哲說：「老闆看不到我們的貢獻，只覺得我們是花錢的單位，好像也可有可無，我們很多同事都轉調業務，去賭一個翻身的機會，憲哥，我也快了。」

我說：「該不會我明年再來，你們都不見了吧？」

小琪跟阿哲幾乎想都沒想，異口同聲地回答：「可能喔！」

幕僚單位的宿命

我職業生涯扣除中間業務工作，頭尾十二年都跟人資與幕僚單位在一起，最懂他們的悲慘「宿命」。人資單位相較於業務行銷、產品研發、製造品管、工程設計單位，在KPI的衡量上比較不易觀察。

很多企業主口口聲聲說「人才是企業的根本」，但面臨生存考驗的時候，往往犧牲的都是幕僚單位的人，因此非生財單位的部門與人員，自己多少都有這些認知。再加上，人資單位往往知道公司很多祕辛，包含薪資水準、升遷之道、同業比較以及「宮廷內幕」，「知道越多就痛苦越多。」我有很多朋友都是這樣離開原跑道，利用跳槽或是轉職爭取加薪與升遷機會。

人資知道最多行情，這類行情不比較則已，人比人不小心就會氣死人。像是小琪跟阿哲，他們部門女同事去生小孩之後，留下來的同事工作量越來越多，心裡越來越浮躁，產生異動之心在所難免。

那天我跟小琪還有阿哲說，公司福利再好，也不該從菜鳥待到退休，人資部門尤其危險，隨時保持成長與進步，擁有待價而沽的價值，是不二法門。

千萬不要小看人資工作，頂尖專業者都是老闆最重要的參謀和幕僚，培養組織觀察力，行有餘力在薪酬、福利、招募、訓練與考核等多個領域加強歷練。絕對不要動不動就說自己已經全部學會，學一招容易，會五、六招並不簡單，超強人資實力的養成更是難上加難。

這世上是「小不公平很多，大不公平沒有」，處處追求公平的人，往往太過於執著，「一日之所需，百工斯為備」，找到自己的價值，才是生存之道。

53 旅途中，「談判」也可以很美妙

第一天下午相談甚歡，大家都很愉快，未料晚上撥電話，他卻獅子大開口，「有交情的師傅」反而比較貴，剛開始有點愕然，但仔細想一想，其實也是很能理解……

有一次，我跟四位朋友到上海杭州洽談商務，順道拜訪幾位當地友人，旅途中發生了一段很有趣的小插曲。

熟識的人，就能有優惠價格？

從上海搭高鐵到杭州，吃完中飯後，我們找了間咖啡廳坐坐。遇到一位拉攏旅遊生意的陳先生，向我們兜售杭州西湖半日遊行程，我們眼見下午大雨滂沱，又不想回飯店休息，索性花了三百元購買半日西湖行程，心想：「就算搭車逛西湖都划算，更何況商務車可以坐五個人。」

旅行社派來的師傅姓劉，很熱情也很專業，最重要的是，他信手捻來許多歷史故事，章回小說般，起承轉合，包袱三番四抖，我們五人無不聽得津津有味又嘖嘖稱奇。

行程結束後，老劉拿了一張名片給我們，他說：「明天若是有需要可以找我。」大家高高興興去吃晚餐。晚餐後，同行的小布打電話給老劉，說明了明天的旅遊與返台複雜行程後，老劉報價六百，是第一次的兩倍。我們覺得很高，小布強力殺價後老劉仍無動於衷，只好作罷。

同行的小鈴見狀，拿了中午我們在星巴克兜售行程陳先生的名片，立刻用專業且反電話行銷的話術，跟陳先生通話，陳先生立刻說四百元就行。我們五人都很開心，開心的不是省了兩百元，而是小鈴現場展現的反行銷話術真的很不賴，我馬上說：「小鈴，妳辛苦了，這些甜點全部給妳吃。」全團哄堂大笑。

第一天下午與老劉在車上相談甚歡，大家都很愉快，未料晚上撥電話給他時，他卻獅子大開口，反而只有一面之緣的陳先生還比較好談價錢。「有交情的師傅」反而比較貴，剛開始有點愕然，但仔細想一想，其實也是很能理解。

議價的藝術

我擔任第一線業務與銷售管理工作的時間很長，報價確實是一門藝術，大家歡喜甘願，也沒啥好說的，但往往朋友介紹的銷售方，可能洞悉您會用朋友之姿大刀砍價；或是因為自己是朋友介紹，卻反而不好意思談價，此時，朋友介紹的銷售方，通常占有較優勢的地位。

沒想到，旅行時也會運用到銷售、報價技巧。小鈴長年來往兩岸上課，用普通話北京腔外帶當地術語講話，一副就是大陸人的模樣，我們都聽不出來有任何異狀，讓陳先生沒有察覺，以為我們熟門熟路，降低戒心。

同時間，我們運用交叉議價、分進合擊戰術，完全沒有讓對方知道，小布打給老劉，小鈴打給陳先生。小鈴是電話行銷課程講師，對於對方會用的技巧，再熟悉不過，當自己扮演議價採購方時，立刻洞悉對方心理，立場瞬時一百八十度大轉彎，遇到對方的錨定與堅持戰術，輕鬆化解，加上女生來個嬌嗲戰術，順利成交。

議價過程省下這兩百元雖然不多，卻是我們整趟旅程印象最深刻的事，當天晚上吃什麼佳餚，我都有些忘了。旅行不全然是風景，同行的人、途中的故事、自由行的意外與驚喜，往往是旅程中最美妙的事。你是否也有這樣的經驗呢？

54 像魚一樣思考、前進，享受自由

初入十餘米海底的我，腦袋完全放空，只有一個念頭：「活下來」，以及「好好呼吸」……

你是否有過這樣的經驗，週休二日，再怎麼睡覺，週一上班時還是很累？

有時工作一忙，我自己形容，那陣子就像被鬼抓走，雖然忙得很有意義、充實，但身心靈都處在一個極度疲憊的狀態，一個不小心就可能在直播節目裡恍神，或是在現場節目中大忘詞，雖然最後都安然過關，但這樣的行程安排，真不想再來一次。

切換模式，潛入海底

今年夏日，好友強力邀請我去墾丁潛水，適逢連續三天空檔，我牙一咬，立馬決定南下，想看看好友眼中的無敵海域，到底能讓人多麼流連往返。我的水性頗佳，經過教練引導，很快就進入狀況。大近視的我配上特製潛鏡，海底景觀全都一覽無遺。

教練：「呼吸，呼吸，只要專注呼吸。」

初入十餘米海底的我，腦袋完全放空，只有一個念頭，就是「活下來」，以及「好好呼吸」。說也奇怪，就因為腦袋完全放空，身體也跟著輕盈了起來。習慣蛙式游泳的我，經過教練提醒，在水中不要用手部滑水，因為可能會打到別人的面鏡，而且這樣滑水根本不會前進。

教練：「你要像魚一樣思考，放輕鬆！腿部、腰部只要輕輕擺動，自然可以緩步前進。」此時處於身心靈極度放鬆的狀態，連呼吸也順暢許多，能夠好好享受水底緩慢、輕盈的步調。

好慢，好慢，這大概是我那陣子以來，速度最慢的行動與前進，好舒服，好輕盈。

年輕的時候，想讓自己徹底放鬆，好好休息，都是利用下班時間揪團唱歌、飲酒，或是回家睡個長達十二小時的大頭覺，不然就是奢望可以有個長假出國旅行，但往往「心態不改變，去哪裡、做什麼都一樣累」。像我這種腦力勞動者，睡覺其實幫助不大，緊繃的思緒還是轉個不停。

那三天的潛水體驗，什麼都不想，不帶電腦的極度放空也帶來深度放鬆的快感。讓我體悟到，或許無須暫停，只要換一種場景生活，換一種活動內容，休息的效果就非常顯著。「享受放空」正是重燃對生活與工作熱情的好方法，對大多數的職場工作者都很重要。

給自己一點挑戰吧

那一次答應與朋友潛水，對我是跨一大步的新體驗，其實我對海一直存著恐懼。其一是我有高度近視，其二因為年紀不小，且必須控制血壓，總是有些擔心害怕，經過與家庭醫生討論，我才放膽挑戰。

那趟潛水對我來說，比上了多少堂經典的課程，更具有生命意義。潛水的「以慢打快」，不失為快速變化的現實社會中的絕佳策略。肢體完全地放鬆，平常心面對陌生環境，無論是演講、簡報、大比賽，才能有好成績。

進入海底世界，就要跳脫陸上思維邏輯，有了界限，才有真正的自由，享受當下海底的美，活在當下是第一，也是唯一，其他都是第二。

原來，旅行也可以不再是換地方上網、運動、游泳，而是對該處心存好奇，嘗試讓自己為此趟旅行賦予新意，讓自己親身體驗舒適圈外的任何驚喜與樣貌。

55 寫給二十歲自己的一封信

懊悔自己的球類運動不如同學，懊悔自己不夠帥，懊悔成績比上不足比下有餘，懊悔沒有女朋友……，我當時怎麼會花那麼多時間「懊悔」呢？

若能對二十歲的自己說一段話，你會說什麼呢？

電視台邀請我錄一段話送給二十歲的自己，讓我思索再三。

媽媽送的金項鍊

記得二十歲那一年，媽媽打了一條金項鍊給我。那個年代特別流行打金項鍊，粗的、細的，各種款式都有，記得同輩朋友中也有不少人戴金項鍊。為了這個題目，我特別去抽屜裡找出那條項鍊，二十歲的回憶歷歷在目。

「文憲，媽媽送你一條金項鍊，當作你二十歲的成年禮物。」生日前夕，媽媽幫我戴上它，透過項鍊傳來她掌心的溫度，事隔二十九年，我到現在都還能感受到。隔天，我在台中的宿舍，度過二十歲的生日。

大二上學期的我，學業成績平均八十二分，五個月後出馬競選逢甲企管系學會會長，以些微比數獲勝，展開我的會長生涯。

二十歲那一年，我花了一些時間念書、一些時間選會長、一些時間辦活動，還有一些時間聯繫老朋友、交新朋友，但其中花最多時間的卻是在「懊悔」與「思考未來」。

懊悔自己的球類運動不如同學，懊悔自己不夠帥，懊悔成績比上不足比下有餘，懊悔沒有女朋友，我當時怎麼會花那麼多時間「懊悔」呢？怎麼不把時間花在更多的「行動」上？與其「懊悔」，我更該好好思考自己未來可以做什麼？練舞、練吉他，甚至跟心儀對象告白，好好想一想企管系畢業後能從事什麼。

給二十歲自己的一段話

於是，我錄了這麼一段話給二十歲青春的自己：

「謝謝你，二十歲的謝文憲，你學會吉他，讓我可以帶給大家歡樂；你學會領導，讓我可以展現才能；你學會舞台表演，讓我總是閃耀；你學會行動，讓我不再害怕失敗；你學會寬恕，讓我心懷感恩；你學會樂觀，讓我可以盡情嘗試新事物；你學會游泳，讓我中年交到好友；你看透棒球，讓我終身受用；你學會人際溝通，讓我貴人不斷；你習得好口條，讓我不愁吃穿；你學會辦活動，讓我懂得堅持；你喜愛看書，讓我知識不虞匱乏；你學會欣賞，讓我看得更遠。」

「謝文憲，我還要告訴你，抽菸是不對的，不常回家是不對的，跟爸媽說話大聲是不對的，沒有堅持運動習慣是不對的，口出惡言是不對的，鋒芒太露是不好的，晚上吃消夜是不健康的，經濟學還可以學得更好，英文應該多下工夫，不該跟大一國文老師頂嘴，你會後悔的。」

二十歲的人生，想做什麼盡量去做，用行動代替恐懼，功不唐捐，所有努力，對於未來都是助益；四十九歲的人生，學習什麼不要做、什麼該做，盡量低調，用耐心去等待最佳出手時機。

如果你的年紀落在上述歲數間，或許我的經驗對你會是個提醒；如果超出範圍，也請你提醒我，我該注意什麼！在職場打滾久了後，我們都容易失去初心，不妨也試試寫封信，給二十歲曾經如此努力的自己吧！

56 在演唱會上，體會復刻的職場價值

我們雖不如五月天成功，但我們追求的都是——永恆且堅持的職場價值，我們也同樣渴望擁有並肩奮鬥的戰友，一同探索人生歷程。那一晚聆聽演唱會的聽眾，都是你我職場的復刻縮影。

我從沒想過，四十八歲生日，竟然是在五月天的演唱會中度過。

「票有夠難買」這五個字，在很多五迷心中是揮不去的痛，但也因為越多人愛，票才越難買。我從以前奢望自己靠著驚人毅力與靈敏反應，一定可以買到票，在多次絕望後，才痛下決心再也不搶。

沒想到，距離演唱會前五天，阿福打電話來，「憲哥，我幫你搶到兩張五月天搖滾區的票了，送你當生日禮物。」「我跟你買啦，你幫我搶到，就是最好的生日禮物了。」

光是聽到有票，我就感激不盡。

距離演唱會只剩五天，得到這個好禮物，心中有說不出的欣喜。搖滾區第二十三排，可以近距離看到五月天的臉部表情，四十八歲生日真的沒有遺憾了。

形形色色的聽眾類型

演唱會開場前陸續有人進場，前面坐一對情侶，左側是幫我們買票阿福的兩位女性朋友，右側是兩位女生一起，後方分別是兩女一男、兩女、一男一女。

演唱會開始，歌曲與聲光效果不用我評論，倒是我前後方聽眾也頗「吸睛」。

前方一對情侶如入無人之境，一下親吻、一下擁抱，大多時間男方摟著女方的腰，最終唱到〈乾杯〉的時候，女方從包包拿出一罐台啤，竟然你一口、我一口，好不浪漫，看得我們緊張起來，一下子眼睛不知道要看哪裡。

聽著阿信在台上嘶吼，女方也跟著大喊：「你會愛我一輩子嗎？」男方小聲回應：

「我愛妳，跟五月天彼此的感情一樣，永遠不變。」霎時之間，我的耳朵不知道該聽哪一邊了。

左側阿福的兩位女性朋友最積極，一看就知道是好手，搶氣球、揮舞螢光棒，「該搖擺的時候不客氣，該坐下的時候不搶戲」，很配合現場的一對好朋友。反觀，我右側的兩位女性，非常冷靜，倒是擦了三次眼淚，不小心都被我看見。

後方的兩女一男，我特別瞄了他們，不像是一般觀眾，看穿著比較像是藝人。我認識的藝人並不多，我看著他們，叫不出名字有點窘，只能微笑以對。不過他們異常冷靜，讓我有些意外，如果換成是我，心裡應該想著：「哪一天換我登上小巨蛋吧？」

後方兩女最大聲，每一首歌都會唱，讓我很訝異，竟然比我還厲害，真的很佩服她們。另一隊在後方的一男一女，直到散場時我才認出，是訓練界的夫妻檔好朋友，年紀都比我長，夫妻攜手來聽演唱會，那牽手相偎的身影令我感動。

五月天復刻的職場價值

如果要我定義這場演唱會，莫過於「回到最初的美好」。不是所有音樂人都能如此做到，歌要夠多，回憶要夠多，演唱會要夠多；聽眾要夠多，人生要夠長，生命要夠飽滿。

就像阿信在演唱會中說的：「那些支持我們的，不支持我們的，都在這十幾年當中，有如過眼雲煙，走到了今天。」演唱會不只是演唱會，像是在跟老朋友們敘敘舊、聊聊天，我們聽的不只是五月天，也是屬於你我青春的故事。

演唱會結束，我回到家中，情緒漲滿心底。想到這二十多年的工作經歷，每日所遇到的職場工作者，我們雖不如五月天成功，但我們追求的都是——永恆且堅持的職場價值，我們也同樣渴望擁有親密、長久並肩奮鬥的戰友，探索豐富且值得懷念的歷程。

那一晚一起聆聽演唱會的聽眾，都是你我職場的復刻縮影。

國家圖書館出版品預行編目資料

人生沒有平衡，只有取捨 / 謝文憲著. -- 初版. -- 臺北市 : 商周, 城邦文化出版 : 家庭傳媒城邦分公司發行，2017.12
面； 公分
ISBN 978-986-477-375-6（平裝）
1.職場成功法 2.生活指導
494.35 106022836

人生沒有平衡，只有取捨

作　　者／謝文憲
文字整理／林筱庭
責任編輯／程鳳儀

版　　權／林心紅、翁靜如
行銷業務／林秀津、王瑜
總 經 理／彭之琬
發 行 人／何飛鵬

法律顧問／元禾法律事務所　王子文律師
出　　版／商周出版
城邦文化事業股份有限公司
台北市中山區民生東路二段 141 號 9 樓
電話：(02) 2500-7008　傳真：(02) 2500-7759
E-mail：bwp.service@cite.com.tw
Blog：http://bwp25007008.pixnet.net/blog
發　　行／英屬蓋曼群島商家庭傳媒股份有限公司城邦分公司
台北市中山區民生東路二段 141 號 2 樓
書虫客服服務專線：(02)2500-7718・(02)2500-7719
24 小時傳真服務：(02)2500-1990・(02)2500-1991
服務時間：週一至週五 09:30-12:00・13:30-17:00
郵撥帳號：19863813　戶名：書虫股份有限公司
讀者服務信箱 E-mail：service@readingclub.com.tw
歡迎光臨城邦讀書花園　網址：www.cite.com.tw
香港發行所／城邦（香港）出版集團有限公司
香港灣仔駱克道 193 號東超商業中心 1 樓
Email：hkcite@biznetvigator.com
電話：(852)2508-6231　傳真：(852)2578-9337
馬新發行所／城邦 (馬新) 出版集團 【Cite (M) Sdn. Bhd.】
41, Jalan Radin Anum, Bandar Baru Sri Petaling,
57000 Kuala Lumpur, Malaysia
電話：(603)90578822　傳真：(603)90576622
Email：cite@cite.com.my

封面設計／徐璽工作室
電腦排版／唯翔工作室
印　　刷／韋懋實業有限公司
總 經 銷／聯合發行股份有限公司　電話：(02)2917-8022　傳真：(02)2911-0053
地址：新北市 231 新店區寶橋路 235 巷 6 弄 6 號 2 樓

■ 2017 年 12 月 23 日初版
■ 2018 年 01 月 12 日初版 4.5 刷
Printed in Taiwan

定價／ 399 元

ISBN 978-986-477-375-6

城邦讀書花園
www.cite.com.tw